OPEN CLASS
OF DESIGN

餐饮店设计 细节图解

毛文实　编著

U0192282

机械工业出版社
CHINA MACHINE PRESS

本书从餐饮店的基础设计出发，以细节设计为切入点，深度剖析了餐饮店设计的思路与方法，精选国内外餐饮店设计的典型案例，细致讲解每一处局部空间的创意思维及餐饮店功能分区，帮助读者快速、轻松地掌握餐饮店的设计方法。本书充分结合餐饮业发展趋势，提出了建筑设计和室内装饰设计的现代理念，包括一系列建设性提议，讲述了设计方法与设计要点。本书可作为新入职的餐饮店设计师和高等院校环境艺术设计专业师生的学习参考资料，也可帮助餐饮店投资者理性选择装修设计方案。

图书在版编目（CIP）数据

餐饮店设计细节图解/毛文实编著.—北京：机械工业出版社，2023.3
（设计公开课）
ISBN 978-7-111-72741-5

Ⅰ.①餐…　Ⅱ.①毛…　Ⅲ.①饮食业—服务建筑—室内装饰设计—图解
Ⅳ.①TU247.3-64

中国国家版本馆CIP数据核字（2023）第040031号

机械工业出版社（北京市百万庄大街22号　邮政编码100037）
策划编辑：宋晓磊　　　　　　责任编辑：宋晓磊
责任校对：张爱妮　陈　越　　封面设计：鞠　杨
责任印制：张　博
保定市中画美凯印刷有限公司印刷
2023年5月第1版第1次印刷
184mm×260mm·10印张·258千字
标准书号：ISBN 978-7-111-72741-5
定价：69.00元

电话服务　　　　　　　　　　网络服务
客服电话：010-88361066　　机　工　官　网：www.cmpbook.com
　　　　　010-88379833　　机　工　官　博：weibo.com/cmp1952
　　　　　010-68326294　　金　书　网：www.golden-book.com
封底无防伪标均为盗版　　机工教育服务网：www.cmpedu.com

前言

  开一家餐饮店，应该怎样装修？在店铺面积小、资金有限的情况下，怎样设计出与众不同的造型？怎样让吧台、外带区、就餐区舒适又兼具创意？怎样打造小吃外卖摊的亮点？这些都是餐饮店店主在装修之前必须考虑的问题。

  餐饮业是我国服务业的主要组成部分，具有独特的发展优势，是投资创业者的热门之选。随着国际品牌餐饮店的不断涌进与本土连锁餐饮店的快速扩张，餐饮业的竞争更加激烈。

  目前，餐饮业整体朝着两个方面发展：一是具有地域文化特色的时尚餐饮店，主要满足消费者个性化、多元化、社交化的需求，餐饮店的装修设计水平要高于家庭餐厅，尤其是家具配置、灯光照明、软装陈设等细节要能打动消费者，让消费者眼前一亮；二是连锁餐饮店呈现零售化、工厂化的特点，能快速、便捷地满足餐饮消费者的需求，餐饮店的装修设计简洁明了，配备了更多高科技设备，给消费者带来时尚感。现代消费者更倾向于品质高、服务优的餐饮店，面对一些特色餐饮店，消费者也愿意去尝试。

  在当下快节奏的生活中，快速的餐饮消费正成为一种趋势。消费者进店后，要求餐品能在最短时间内被端到餐桌上。同时，还要求餐饮店环境氛围与众不同，能快速更新，满足消费者的视觉审美需求。

  我国作为一个餐饮文化大国，传统餐饮店的装修在审美上很难有所突破。随着餐饮业的潮流化发展，不少街头巷尾出现了网红餐饮店，被网络平台上的博主推荐的网红店受到年轻消费者的追捧。最常见的网红店是奶茶店与特色小吃店，经营面积小，装修与改造周期短，能满足消费者对装修审美的猎奇心理。投资者无论选择开设哪一类餐饮店，都要充分考虑市场行情，结合当地消费者的消费观念与餐饮业发展趋势，才能在众多餐饮店中脱颖而出。

  本书介绍了餐饮店的设计方法，探寻不同饮食习惯的消费者的不同偏好，总结了大众共性认知的审美，全面讲解餐饮店的设计风格、色彩搭配、软装配置、采光照明、空间布局等设计细节，搭配经典案例作为补充，适合新入行的餐饮店投资者和设计师阅读。本书是打造潮流餐饮店的参考宝典，读者可在工作、学习中参考使用本书内容。

  读者可加微信 whcdgr，免费获取本书配套资源。

编者

目录

第3章　餐饮店细节设计

第 1 章
餐饮店设计基础

学习难度：★☆☆☆☆

重点概念：要素、特色、多样化、消费需求、
饮食文化、发展趋势

章节导读：餐饮店设计要从基础入手，由浅入深，层层递进。餐饮店是人们日常生活中必不可少的室内空间，
本章对餐饮店基本概念进行阐释，探索餐饮店的发展变化，指出互联网时代下新型餐饮商业模式的变革。

1.1 初步了解餐饮店

1.1.1 基本概念

餐饮店设计不同于常规商业空间设计与公共空间设计，在餐饮店内，人们需要的不仅是美味的食品，更是一种令人身心彻底放松的氛围，人们希望在轻松的氛围下享受优质的服务、品尝美味的食物。餐饮店设计强调的是一种文化，是人们达到温饱后怀有的更高的精神追求，包含了对环境、氛围、情调等一系列因素的需求。因此，餐饮店给予人们的不仅是美食，更是放松惬意的心理感受。

餐饮店设计主要包括店面外观、空间布置、色彩搭配、照明方式、陈设装饰等细节，通过这些细节来影响消费者的就餐体验，塑造环境氛围。

如今，消费者与市场已经不再只凭食物的味道来评估餐饮店的好坏了，餐饮消费在很大程度上属于即兴消费，消费者会在环境的感染下做出消费的决定，独特新颖的空间更能吸引消费者进店消费。时尚流行的餐饮店大多看起来不像就餐的地方，更像是一家艺术馆。有时，消费者会对餐饮店的空间设计更感兴趣，而不是菜谱，他们希望在一个愉快的就餐氛围中享受美食。因此，餐饮店销售的不再只是菜品，还有艺术与文化，通过提升空间氛围的品质，吸引更多消费者前来消费（图 1-1）。

a）座席区

b）座席区隔断

图 1-1 优雅静谧的就餐空间

↑餐饮店设计运用了大量具有民族与地域特色的元素，其中大量使用深色能为餐饮店提供优雅静谧的环境氛围，而鲜亮的元素能在空间中与之形成对比。整体空间采用虚实结合的设计手法，既能保证餐饮店的私密性，又能让整个空间通透不压抑。座席区采用暖色来增加消费者的食欲，愉悦消费者的就餐心情，在塑造风格特色的同时提升色彩的层次感与对比度。座席区隔断采用深色木质龙骨，搭配深蓝色纱帘，形成神秘优雅的视觉效果，能有效遮挡卤素灯光的穿透，避免座席区外部受到眩光影响。

1.1.2 设计思路

1. 主题特色

餐饮店最初的功能是解决"吃饭"的问题，但是随着人们物质生活水平的提高，消费者希望在饮食上趋于多元化。餐饮店的设计主题开始出现各种创新，衍生出主题餐厅。设计师要善于观察和分析各种物质需求与人文思想，找出能被消费者认同和喜爱的文化主题，围绕其进行设计，从外部到内部、从整体到细节、从结构到陈设，全力营造这个主题的特色（图1-2）。

a）餐厅吧台 　　　　　　　　　　　　　　　 b）座位

图 1-2 复古怀旧主题餐厅

↑主题餐厅要表达出一个或多个主题，将主题转变成餐饮店的标志。稳重的红色坐垫与靠垫是室内空间的主题色，搭配复古家具，表现出年代感，但是家具布置整齐，并没有沧桑感，将复古主题体现至极。

2. 消费人群

餐饮店的消费群体是设计时要放在第一位考虑的因素。餐饮店的消费主体决定了该餐饮店的定位。小型餐饮店通常是无法吸引所有类型的消费者来消费的，需要通过调查与分析，筛选主要顾客，确定餐饮店的设计风格、形象、定位。

例如，收入、职业、年龄、消费习惯是消费人群的四大因素。餐饮店设计要以特定消费人群为主要服务对象，根据人群特征来设计特色室内陈列与美食产品。由于消费者品位不同，需求也多样化，不可能面面俱到，但是要在特色中抓住消费主流，设计迎合这些消费人群的室内空间，因此设计师思维中的餐饮店设计应当多样化。

3. 多种需求

人们在消费过程中有多种需求，主要包括生理、安全、社交、尊重、自我价值等方面。这些需求的出发点主要有两个：

（1）人的需求　人是有需求的动物，随时有待于满足自身的各种需求，餐饮是人最重要的需求之一。

（2）需求的层次　人的需求从低到高具有不同层次，当低一级的需求得到满足时，高一级的需求才会起作用，成为支配人行为的主要动机，所以当基本餐饮需求得到满足，人就会对餐饮环境提出较高需求。

这些需求会集中反应在餐饮行为中，需要深度解析（图1-3）。

```
                    ┌─ 生理需求 ──── 餐饮能让人摄取营养物质，维持生命体征

                    ├─ 安全需求 ──── 就餐环境相对封闭，保证就餐行为不受外界干扰

人的餐饮行为需求 ───┼─ 社交需求 ──── 就餐时与他人交谈，促成生活、工作、情感上的交流

                    ├─ 尊重需求 ──── 就餐时接受服务员的服务，受到尊重

                    └─ 自我价值需求 ── 通过就餐消费获得对自身价值的满足感，提升对自我的认知
```

图1-3　人的餐饮行为需求
↑人在餐饮行为过程中有多种需求，融合了人在生活中的各种需求。

消费需求是餐饮店经营的出发点和归宿点。餐饮店设计应当合理定位，分析消费者的需求，采取合适的营销策略吸引消费者，不断提高服务质量，完善设施设备，为消费者提供良好且舒适的消费环境，满足消费者的各种需求。

★补充要点★

餐饮消费者的需求

（1）**饮食需求**　餐饮店能为消费者提供食物，不仅能满足消费者的生理需要，还可以丰富消费者对食物的认知，让消费者辨析出食物的特色风味，增加体验感。

（2）**健康需求**　一些中高档餐饮店还会提供舒适的住宿环境和轻松的娱乐设施，如健身房、游泳池等，能让消费者在就餐前后放松身心，促进身体健康。

（3）**情感需求**　餐饮店是消费者重要的社交场所之一，消费者在就餐的同时还能与亲友交谈，分享情感思想，谈论话题并达成共识，让自己的情感得到释放与展现。同时，餐饮店的环境氛围也是引导消费者流露情感的重要因素，消费者在轻松、惬意的氛围下更容易诉说自己内心的情感。

1.2　餐饮业发展现状与趋势

1.2.1　餐饮业特征

餐饮业属于服务业，所提供的产品大部分是快消品，这与其他产业具有明显差异。

1. 生产与消费同时进行

餐饮店所提供的服务，从消费者进入餐饮店开始，包括点餐和厨房制成产品，其中的过程短暂且复杂。餐饮店设计应重点考虑厨房与就餐区之间的关系，适当设计开放式厨房，让厨房及时了解就餐区的消费状况，让生产与消费同时进行。

2. 多样化需求

餐饮店的业务来源比较被动，须等消费者上门消费，无论是外卖还是堂食，具体的消费量是很难预估的。如天气晴好的节假日，消费者可能会选择远行旅游或在家烹饪，住宅小区周边的餐饮店营业额则不增返降。因此，可以考虑在餐饮店中设计具有家庭氛围的视觉元素，强化节假日的氛围感，推出就餐消费就赠送主题饰品的活动，打造适合节假日氛围的室内环境。

3. 产品无法长时间储存

餐饮店的产品，经过短时间存放就会变质，如果没有消费掉，可能就要丢弃，这样会增加经营成本。要延长食物保鲜时间，就要设计一定面积的储存区，除了放置冷柜设备外，还要设计不同开放程度的货架，但是储存区又不能过大，以免影响宝贵的营业面积。

4. 工作时间特殊

为满足不同消费者的需求，餐饮店的营业时间比较特殊，多为假日无休，为满足不同时段的消费者，餐饮店员工必须轮班与轮休，工作与休假时间不固定。如主管人员的工作时间平均在 12 小时 / 天以上，这就需要在餐饮店中设计必要的休息室或床位，同时又不占用正常营业面积，可考虑折叠入墙的床与隐藏式更衣柜。

1.2.2　餐饮业现状

我国国民经济快速发展，消费者的收入越来越高，餐饮消费需求日益旺盛，营业额一直保持着较强的增长势头。目前，旅游餐饮、家宴、婚庆宴消费是餐饮业的主要经济增长点，这些餐饮店的市场竞争较激烈，对餐饮空间的设计要求非常高，经营特色化和市场细分化更加明显。其中需要强调设计感的是婚庆宴主题餐厅，除了就餐功能外，还要有礼仪、展陈、演出空间，需要融合多种商业空间进行深度设计（图 1-4）。

a）餐桌布置

b）婚庆氛围布置

图1-4 婚宴酒店

↑在高端酒店中，多样化经营模式十分常见，最为突出的特色是提供婚宴一条龙服务。在设计中重点强化餐桌布置、餐具摆放、餐厅主题氛围布置，综合提升空间设计品质。餐具摆放与设计已经形成模式化，搭配不同的设计风格来烘托店内的氛围。

↑目前，在我国专门从事婚庆业务的餐饮店很少，但是今后会逐渐出现专业的婚庆餐厅品牌。就餐区强化软装陈设设计，能迅速变换主题，满足不同消费者的审美需求。就餐空间大，对陈设品与照明灯具的容纳性更强，布景台与主题造型需要结合展陈道具设计。

当前，我国餐饮业发展态势明显，主要体现在连锁经营、品牌打造、技术创新、管理科学等方面，逐步替代了传统餐饮业的手工生产、随意经营、个体作坊等形式。餐饮业的发展除了需要在技术与服务方面有所提升外，还需要在店面设计、装修技术上有所提高，餐饮店的设计与装饰已经融入饮食文化中，成为培育餐饮品牌和品牌竞争的核心力量。

1. 国际餐饮品牌竞争

国外大型餐饮企业开发出丰富的菜品入驻中国，吸引了大批中国消费者，给我国本土餐饮业带来极大冲击，其中餐饮品牌带来的文化竞争要大于产品竞争，其餐饮店的设计模式与我们以往对餐饮的认知完全不同（图1-5、图1-6）。

图1-5 米其林餐厅

↑米其林餐厅的设计特色在于简约，略带复古情调，以方桌布局为主，灯光集中在桌面上，室内以深色调为主，营造出高贵、典雅的气息，其中落地玻璃幕墙是对外宣传、营销的最佳材料。

图1-6 星巴克咖啡厅

↑星巴克咖啡厅进入中国后打造的是中性风格，没有明显的地域特征与民族文化，室内布置与店面均以简约为主，符合各大商圈的消费者的审美倾向。

2. 企业规模竞争

中国餐饮企业普遍是中小企业，很难同国际大企业相提并论，而规模大小对竞争实力和成本有较大的影响，具有一定规模的餐饮店，内部组织应当科学完善，才能形成竞争力（图 1-7）。

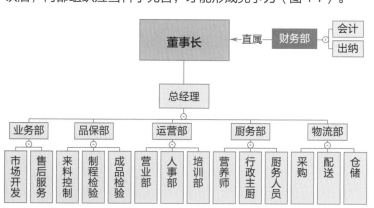

图 1-7　餐饮店内部管理结构

←餐饮店管理结构完善会让业务开展更顺利，同时也会增加餐饮店运营成本。餐饮店依靠优秀的管理、技术人员发挥竞争优势。

3. 餐饮超市涌现

餐饮超市的特色是全天候客源、多功能布局、全周期循环，汇集乡土风味、国际风味于一体，实行"明厨、明炉、明档、明价"的经营模式。消费者对自己所点菜肴的制作过程一目了然，厨房设计为开敞式，甚至能让消费者参与其中（图 1-8）。

餐饮超市集餐饮、购物、旅游、休闲、娱乐等消费活动于一体，相互牵连、相互渗透，逐步形成规模经营，呈现出海内外、高中低、传统与现代并存，取长补短，互相竞争，共谋发展的市场格局（图 1-9）。

图 1-8　盒马鲜生超市

↑消费者自选食物、自定口味，不设最低消费，价格面向大众，实行超市价格。

图 1-9　悦活里超市餐饮区

↑在大中型超市中设立餐饮区，布置桌椅家具，消费者现场结算选购的食物，可即刻食用，饭后还可继续在超市内购物，将餐饮消费融入超市消费中。

4. 科技含量显著提高

目前，我国已经出现用机器人上菜的智能化餐厅，消费者到达餐厅后，只需要通过手机 App 或店内平板电脑点餐，甚至语音说出菜品，手机或平板电脑屏幕上就会出现正在供应的菜品和酒水饮料，消费者选定具体品种后，可通过手机 App 扫码付款。付款后，计算机系统能立刻指示厨房配餐，通过机器人送到指定餐桌上。

在这类餐饮店的设计中，设计师需要熟悉智能化终端的功能与使用方法，预留机器人上菜通道，对店内灯光、空调、音响系统进行智能化控制设计，在减少真人服务员的情况下，需要进一步提高环境的舒适度，提升消费者对温馨氛围的感知度。适时调整餐饮店定位，才能灵活主动地提高市场竞争能力。

★补充要点★

影响餐饮消费行为的因素

（1）**文化因素** 文化对消费者的行为具有非常广泛和深远的影响。就餐时播放舒缓的音乐有助于提高进食的愉悦感，从而提高食量，强化就餐者之间的关系，消费者会更倾向选择具有特殊品质的音乐餐厅就餐（图 1-10）。

（2）**社会因素** 社会群体是指有着共同目标、相互影响的一群人。消费者的消费行为经常受到社会群体直接或间接的影响。当具有相同属性的消费者聚在一起就餐时，他们往往会选择有明确主题的餐厅，餐厅的设计主题能集中反映这群人的审美倾向、消费诉求、生活观念。设计具有主题特色的餐厅更能吸引目标人群进店消费（图 1-11）。

图 1-10 音乐餐厅
↑将音乐与餐厅设计融合，让消费者能在悠扬的乐声中品味美食。餐厅配色与灯光应当结合音乐节奏进行设计，呈现出多种效果。

图 1-11 主题餐厅
↑创意主题餐厅要紧跟时尚潮流，在设计上更符合年轻消费者的审美观与消费观，以个性化装饰、造型设计引人注目。

第2章
餐饮店设计与布局

学习难度：★★☆☆☆

重点概念：分类、功能划分、卫生间、
　　　　　　就餐区、设计形式

章节导读：餐饮店的种类众多，既有方便快捷的速食店，也有高端优雅的西餐厅，还有休闲自在的咖啡厅。
餐饮店作为营利性产业，要在外观造型上吸引消费者，在设计布局上方便消费者，在提升经济效益的前提
条件下，在空间布局上发挥出餐饮店的最大作用，充分吸引消费者，方便商家开展店面营销活动。

2.1 餐饮店分类

2.1.1 速食型餐饮店

1. 快餐店

快餐店的特色主要体现在"快"字上，来快餐店就餐的消费者不会过多停留，更不会对周围环境细细观看。快餐店室内设计表现以粗线条、快节奏装饰元素为主，使就餐环境更加时尚，通过单纯的色彩对比、简洁的几何形体、丰富的空间层次来取得理想效果。

快餐是在消费者追求时间观念的社会背景下产生的，为了迎合消费者节约时间的需求而形成的一种简约就餐方式。其特点体现在"快"上面，制作时间短、交通方便、食用简单。由于生活节奏加快，很多消费者不愿在日常餐饮上花费太多时间，快餐店能满足这部分消费者的需求。

中西方对快餐都有自己的定义，快餐店是大众化的餐饮空间，快餐的主要特征为：整洁卫生、时尚简单、制作快捷、食用便利、可打包、价格低廉等，经营方式包括店内加工、现场出售、统一配送等。西式快餐店有麦当劳、肯德基等，中式有老乡鸡、真功夫等（图2-1、图2-2）。食品的提供时间通常在3分钟之内，但是可选菜品的种类有限。

图2-1 肯德基
↑快餐店一般采用顾客自助服务的方式，在餐厅动线设计上要注意动区和静区的划分。

图2-2 真功夫
↑快餐店在设计上十分突出点餐台，客户能看到的范围主要为点餐区与就餐区，功能划分明显。

快餐店的设计动线为：柜台购买食品→入座就餐→餐毕将废弃物倒入垃圾桶→托盘放至回收处，这套流线要避免出现通行不畅、相互碰撞的现象。如果快餐店由服务员回收托盘和倒垃圾，那么其在动线设计上与顾客自助的店有所不同。

2. 自助餐厅

自助餐是消费者自选、自烹、自食的就餐形式。消费者可以自行服务，菜肴不用服务员传递配送，饮料也能自斟自饮。自助餐主要分为两种形式：一种是消费者到固定的食品台上选取食物，再根据食品价格付账；另一种是消费者支付固定金额后可任意选取食物，直到吃饱吃好为止。这两种方式都能减少服务员数量，降低餐厅用工成本。自助餐形式灵活，消费者的挑选范围大，能让消费者方便且迅速地吃到食物，能在短时间内供应很多人就餐，因此自助餐厅的规模较大，需要设计的细节很多（图 2-3）。

a）自助餐厅的布局

b）食品摆放

图 2-3 自助餐厅

↑自助餐厅大多采用边柜与岛台相结合的布局形式，能在最大程度上将食品呈现给消费者，行走动线十分合理。

↑自助餐的食品摆放讲究有高有低、错落有致，距离消费者近则摆放位置低，距离消费者远则摆放位置高。

自助餐厅会在餐厅中央设置一个大型取餐台，周围有若干小取餐台。取餐台旁要留出较大空间，使消费者有迂回的余地，尽量避免排队。取餐台可拼成几座小岛，分别放置不同类型的食物。

自助餐厅营业高峰时，消费者会很多且就餐时间有限，因此取餐区域的面积应当足够大，以保证高峰期消费者能持续、顺畅地出入，提升消费者的就餐舒适感。例如，可以设计主菜岛或甜品岛，这样能节省空间，增强效果。有时为了方便顾客取餐，可以将其中部分食品放到几个不同的区域同时供应。

就餐座席区的餐桌要根据室内空间的形状、大小进行规划，桌椅不可安排太密集，应方便消费者取餐走动，走道宽度应当保持在 1000mm 以上，座席区设计为卡座或半卡座形式，保证就餐过程中交谈的私密性。

位于大型室内商业空间的自助餐厅，餐厅门头外观上还需要设计特色发光字或造型，以此吸引消费者。餐厅地板、装饰艺术品的选用都需要经过仔细筛选，要能吸引路过的消费者。

2.1.2 慢饮型餐饮店

1. 咖啡厅

咖啡厅是以喝咖啡为主，可进行简单饮食、谈话、休闲的场所，追求轻松的氛围、整洁舒适的环境，适合少数几人交朋会友、亲切谈话。

咖啡厅的形式很多样。例如，法国咖啡厅多设在人流量大的街面上，店面前撑起遮阳棚，店外放置简易桌椅。喝咖啡或红茶的同时能眺望过往的行人与风景，或读书看报，或等候朋友。咖啡厅的平面布局比较简洁，内部空间较通透，开间较大，室内交通流线丰富多样，座位布置灵活，采用各种高低不同的轻质隔断对空间进行二次分隔，地面和顶棚都有高差变化。

在咖啡厅就餐，并不需要太多餐具，因此餐桌较小。例如，双人座桌面的边长多为 600 ~ 700mm，能营造出亲切的谈话氛围，多采用 2 人或 4 人座席，咖啡厅中心部位可设置一两处多座位吧台式座席，满足单人使用需求（图 2-4）。

a）座位背向走道

b）座位侧向走道

图 2-4 咖啡厅
↑座席区的座位背向走道，适用于面积较大、较开阔的咖啡厅，座椅能挪动的距离较大，走道净宽达 1200mm 以上。座席区的座位侧向走道，适用于面积较小、紧凑的咖啡厅，座椅能挪动的距离较小，走道净宽为 1000mm 左右。

2. 酒吧

酒吧是一种特定的环境空间，能满足消费者对酒文化的喜爱，还能表达由酒引发出的多种主题信息，以此来满足人们的精神文化需求。通过传达深层的主题信息，引出特定的文化观念和生活方式，创造出引人入胜的空间氛围（图 2-5）。

酒吧在餐饮店中属于相对幽静的空间，消费者通常不会选择坐在离入口过近的座位。室内空间中的门厅与走道会设计成转折状态，使消费者踏入店门后，在心理上留有缓冲余地，淡化座位的优劣之分。

a）酒吧软装陈设

b）酒吧灯具照明

图 2-5 酒吧

↑酒吧的色彩浓郁深沉，灯光设计偏重幽暗的效果，整体亮度低，局部亮度高，主要突出餐桌与座位照明，突出餐桌上的饮品与座位上的陈设，从而使室内其他空间看起来充满朦胧感，对周围的事物依稀可辨，增加隐秘感的同时让人有安全感。

3. 茶馆

茶馆不仅是休闲场所，还是人与人沟通的社交场所。茶馆设计应该符合现代消费观念，给消费者提供清新、简洁的环境，并引导消费者了解更多茶文化（图 2-6）。

茶馆的布置应当具有审美情趣。茶馆室内空间主要包括品茶室、大厅、包间、厨房等。在大厅中设置茶艺表演台，包间为桌上茶艺表演。厨房分隔为内外两间，外间为供应间，放置茶叶柜、茶具柜、电子消毒柜、冰箱等；内间安装煮水器、水槽、净水器、洗涤工作台等。

a）卡座与围合隔断

b）单间家具布置

图 2-6 茶馆

↑卡座是茶馆中具有代表性的座位布置形式，利用家具、隔断等简单围合出具有单元式座椅的小空间，每个卡座三面围合，一面供出入，最大程度降低周围环境对卡座内的影响。在卡座内，消费者在心理上具有安全感。卡座内家具多为套装，座椅材料统一，搭配软质坐垫、靠背，能引导消费者长时间停留消费。

↑单间是茶馆中更具隐私性的单元空间，面积从几平方米至 20m² 不等，四面采用隔墙完全封闭围合，并制作有吊顶，灯光充足，适用于商务洽谈，隔声效果好。室内家具布置多元化，如中央摆放长条茶桌，放置多种风格、造型的座椅，满足不同消费者的需求。

2.1.3 享受型餐饮店

1. 西餐厅

西餐是根据西方国家饮食习惯烹制出的菜肴。西餐有法式、俄式、美式、英式、意式等，除了烹饪方法有所不同外，它们在服务方式上也有一定区别。

例如，法式菜是西餐中出类拔萃的菜式，服务追求高雅，对服务生、厨师的穿戴和服务动作都有要求，特别注重烹饪表演技术，部分法式菜肴在制作后期会在客人面前进行烹调，动作优雅、规范，给消费者带来视觉上的享受，达到用视觉促进味觉的目的。因操作表演会占据一定空间，所以法式餐厅的餐桌间距较大，便于现场烹调服务，给就餐注入了独特的饮食文化。高级法式菜品种多样，就餐时盘碟更换频繁，就餐速度缓慢。高级西餐厅多采用法式设计风格，其特点是装潢华丽，注意餐具、灯光、陈设、音响等的配合，餐厅氛围注重宁静，突出贵族情调。西餐最大的特点是分餐制，按人数准备食品与餐具的份数，多以刀叉为餐具，以面包为主食，形色美观，以长形桌为主。

西餐厅的设计常采用西方传统建筑装饰模式，配置钢琴、烛台、桌布、餐具等，营造优雅、宁静的环境，整体空间色彩柔和，营造出舒适宜人的氛围（图2-7）。

a）工业风格   b）现代风格

图2-7 西餐厅

↑工业风格西餐厅多采用金属结构家具，搭配具有强烈工业风格的门窗、隔断来烘托氛围，餐桌单元的间距较大，有工厂、仓库的视觉效果。

↑现代风格西餐厅是当前的设计主流，强调室内灯光柔和温馨，具有家居氛围。座椅摆放紧凑但是形式多样，地面铺设地毯，墙面覆盖护墙板和软包材质，局部灯光照明集中于桌面。

由于对菜品的样式、颜色有严格要求，西餐的厨房更像一间实验室，有很多标准设备，用于控制计量、温度、时间。厨房布局也按流程设计。西餐烹饪使用半成品较多，因此可以节省食材初加工空间的面积，一般在营业面积的10%左右，比中餐厨房面积略小。

2. 烧烤店、火锅店

烧烤和火锅是近年来逐渐风靡全国的餐饮形式，空间的主要特点是在餐桌中设置炉灶，消费者可以围着桌子就餐，适合群体聚餐。烧烤店与火锅店在平面布置上与一般餐饮店相似，餐厅中的走道要相对宽一些，主通道宽度在 1200mm 以上。

由于火锅店和烧烤店主要向消费者提供生菜、生肉，且多使用大盘，加上各种调料小碟与开胃小菜，盘子摆放面积较大，此外桌子中央的炉灶又会占一定面积，所以烧烤、火锅用的桌子比较大，矩形桌面规格约为 900mm×1200mm，圆形桌面直径约1200mm（图 2-8、图 2-9）。

图 2-8　烧烤店
↑ 由于烧烤的过程会产生较大的油烟，所以烧烤店在设计上受到排烟管道的限制。

图 2-9　火锅店
↑ 火锅店在设计上以创造轻松自在的氛围为主，与一般餐厅、咖啡厅对比来看，火锅店的氛围更倾向于时尚、个性、自由。

烧烤店、火锅店用的餐桌多为 4 人桌或 6 人桌，因为中间要放炉灶，这样的就餐半径比较合理。2 人桌同 4 人桌相比，所用的设备完全相同，但是使用效率却低很多，由于桌面可用面积较小，就餐的舒适度较低，故 2 人桌的形式较少出现。6 人以上的烧烤桌，由于半径太大，多不被采用。

受排烟管道的限制，烧烤店的桌子大多数是固定的，不能拼接，因此在设计时应当注意桌子的分布状态和大小桌的比例。火锅与烧烤用的餐桌，桌面材料为防腐木或人造石英石，具备耐热、耐燃、易于清理的特性。此外，烧烤店、火锅店要特别注意排烟，应有排烟管道，每张桌子上空都应有油烟机，烧烤时让油烟快速排走。

与速食型、慢饮型餐饮店相比较，享受型餐饮店更注重营造轻松、自在的就餐环境，消费者能在店内闲聊、聚会，注意力主要集中在自己座位附近，周围环境对消费者的影响较小，消费者追求餐饮行为的社交性与休闲性。

2.1.4　体验型餐饮店

　　如今的餐饮消费者更关注内心的感觉和体验，对消费者来说，吃什么并不重要，在环境中的体验感是最重要的。在餐饮菜品日益同质化的时代，不同餐饮店的菜肴口味已经相差无几，而消费者的体验需求却是复杂多样，需要设计师在就餐空间上发挥构思，突破传统思维模式，打造出具有体验感的就餐空间（图2-10）。

　　目前，全国各地有很多超强体验感的餐饮店，能给消费者带来新奇的体验。例如，东莞常平镇的摩西火车文化广场，将五节旧车厢改造一新，装饰典雅，早已成常平景点（图2-11）。又如，美国的"科幻餐厅"，重视新科技带来的动态模拟、虚拟现实等全新体验在餐馆中的运用，其座席设计与宇宙飞船舱内一样，一旦满座，室内就会变暗，并传来播音员的声音："宇宙飞船马上就要发射了"。在"发射"的同时，椅子自动向后倾斜，屏幕上映出宇宙的种种景色，顾客一边吃着汉堡包，一边体验着宇宙旅行的滋味。

a）餐厅外景

b）餐厅内部

图2-10　武汉爱唯飞机主题餐厅

↑这家餐厅位于武汉光谷步行街，由一架退役波音737客机改造而成，消费者能在真实飞机内就餐，体验飞行过程中的就餐感受，飞机内原有的设备基本都保存如初。

a）会议桌布局

b）常规布局

图2-11　东莞摩西火车餐厅

↑这家餐厅位于广东东莞常平摩西火车文化广场，是由火车车厢改造而成的，座椅布局形式多样，有一定复古风，让消费者感受到年代感和沧桑感。

2.2 餐饮店基本功能区

2.2.1 门面和出入口

出入口是餐厅的第一形象，主要承担迎接消费者的功能，包括餐饮店外立面、招牌广告、出入口大门、通道等（图 2-12）。

图 2-12 门厅出入口
←门厅是餐饮店的重要交通枢纽，是消费者从室外进入餐饮店室内的过渡空间，也是留给消费者第一印象的空间。因此，门厅装饰较为华丽，视觉主立面设有店名和店标。

a）门厅外部　　　　　b）门厅内部

2.2.2 接待区和候餐区

接待区是从公共交通部分通向餐饮店内部的过渡空间，主要用门、玻璃隔断、绿化池或屏风进行分隔和限定，主要功能是迎接消费者并提供等候、休息的区域。高级餐厅的接待区会单独设置或另设在包间内。接待区和候餐区的沙发座椅仅短暂使用，不宜选用太软的材质，避免大量消费者长时间停留在此，造成空间拥挤（图 2-13）。

图 2-13 接待等候区
↓接待区是顾客从外面进入内部空间的缓冲区域，是消费者聚集等候的场所，多设置中等或硬质的坐具，灯光简洁，照度适中。

a）接待区　　　　　　　　　　b）候餐区

2.2.3 就餐区

就餐区是餐饮店设计的重点，是餐饮店的主体经营区，就餐区设计主要包括餐厅的室内空间尺寸设定、功能分布规划、人流导向设计、家具选用布置、软装氛围等。

就餐区分为散客餐席和团体餐席，散客多为 2 ~ 4 人 / 桌和 4 ~ 6 人 / 桌，团体主要为 6 ~ 10 人 / 桌、12 ~ 15 人 / 桌。餐桌与餐桌之间、餐桌与餐椅之间要有合理的活动空间，散客桌旁走道宽度多为 1200mm，团体桌之间走道最窄处为 500mm。就餐区的面积可根据餐厅的规模与级别综合确定，一般按 1 ~ 1.5m² / 座计算。就餐区的面积指标要合理，指标过小，会造成拥挤；指标过大，会造成面积浪费，利用率不高和增大工作人员的劳动强度等（图 2-14）。

还要考虑在就餐区的墙角或立柱旁放置备餐柜，用于长期存储餐具和临时放置菜品、酒水，备餐柜高 1200mm，深 400mm，宽度根据具体空间设定，应不小于 600mm。

a）方形小桌

b）圆形大桌

图 2-14　就餐区
↑定位为中低端消费的餐厅，会在一个大的就餐区域中设有不同类型的桌椅，根据就餐人数安排座位，满足不同人数的消费者就餐。桌椅配色丰富，形式多样。

↑定位为中高端消费的餐厅，多设有宴会厅或独立包间，以圆形大桌为主，主要面向婚礼宴席活动，同一个就餐区的圆形大桌的规格设计是相同的。少数多功能就餐区会在空间边缘摆放小桌，但这种布局并不主流。

★补充要点★

餐厅外部形象与接待区

餐厅的外部形象给顾客的第一印象非常重要，会引导顾客了解餐厅内部情况。顾客进入餐厅后会对餐厅产生第二印象，其中起重要作用的就是餐厅的接待区。

在提供桌上服务的餐厅中，消费者有时需要在服务员的引导下进入座席区，服务员与消费者会在接待区进行短暂沟通，了解到就餐人数与就餐需求后，引导消费者进入相应类型的座席区。接待区需要较开阔的空间，设计风格是餐厅外部形象在室内的延续，接待区周边常布置走道、楼梯、门洞，以便快速疏导接踵而至的消费者。

2.3 餐饮店配套功能区

　　配套功能区是指餐饮店内的服务配套设施，如卫生间、衣帽间、视听室、书房、娱乐室等非营业功能配套设施。餐饮店的级别越高，其配套功能就越齐全。有些餐厅还配有康体设施和休闲娱乐设施，如表演舞台、影视厅、游泳池、桌球室、棋牌室等。视听室、书房、娱乐室为消费者候餐时或就餐后小憩时使用，室内设置电视机、音响设备、书桌、文房四宝、书报等（图 2-15）。

a）常规包间

b）影音视听包间

图 2-15　餐厅包间

↑餐厅常规包间中除了圆桌和椅子外，还配套有酒柜、卫生间等空间，高档餐厅包间会设计落地窗，附带户外休闲平台，拓展就餐前后的活动范围。

↑带有影音视听功能的包间内容丰富，配置软座沙发、茶几、电视机、背景墙造型、卫生间等，落地窗视野效果好，将户外景致作为就餐环境的一部分。

2.3.1 卫生间

　　公用卫生间中的卫生设备数量需按总人数和男女比例进行计算，卫生设备数量与总容纳就餐人数的比例为 1：50，卫生间单个隔间尺寸根据实际情况确定（图 2-16）。卫生间地面标高应略低于走道标高，门口处高差约为 10mm，地面排水坡度不小于3‰。

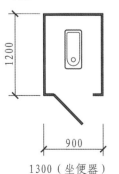

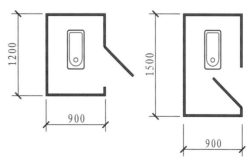

图 2-16　卫生间隔间最小尺寸

1. 卫生设备间距规定

1）盥洗盆水龙头中心与侧墙面净距应 ≥ 550mm。

2）并列盥洗盆水龙头中心间的距离应 ≥ 720mm。

3）单侧并列盥洗盆台面外沿至对面墙的净距应 ≥ 1300mm。

4）双侧并列盥洗盆台面外沿之间的净距应 ≥ 1800mm

（图 2-17）。

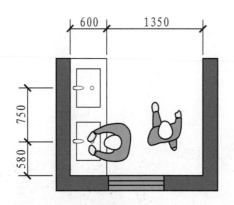
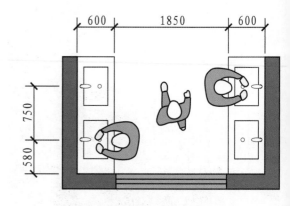

图 2-17　卫生设备间距的尺寸

↑单侧卫生间需预留保证两个人能够正常通过的距离，双侧卫生间需预留能保证三个人通过的最合适间距。

2. 卫生设备的其他尺寸

在餐饮店卫生间中，供一个人通过的宽度为 550mm。一个人盥洗的宽度为 700mm，前后尺寸约为 550mm，一个人盥洗时所需最小尺寸为 500mm；蹲便器隔间的小门宽度为 600mm。

各款规定依据如下：

1）考虑靠侧墙的盥洗盆旁可能会预留有排水立管或靠墙活动的无障碍器材。

2）弯腰盥洗动作所需的空间。

3）一人弯腰盥洗，一人通行所需的空间。

4）二人弯腰背对盥洗，一人通行所需的空间。

5）卫生间内安装其他设备所预留的空间。

★补充要点★

餐饮店卫生间细节设计

卫生间应当有相当面积，满足设备设施安装和使用的要求。设备、设施的布置尺寸要符合人体工程学要求。空间分隔设计，以方便、安全、私密、易于清理为主。男、女卫生间宜相邻或靠近布置，以便给排水管道和排风管道的集中布置，同时应注意避免视线相互干扰。卫生间宜设置前室，内设洗手台或者洗手盆，配置镜子、手纸盒、烘手器、衣钩等设施。如果空间条件允许，还需设计亲子卫生间、残障卫生间、母婴室等空间。

3. 特殊卫生间的设计要求

卫生间作为公共区域，除了考虑一般消费者的需求外，还应该注意到特殊群体的使用要求，其对具体配置与尺寸有特殊要求（表 2-1、表 2-2、图 2-18、图 2-19）。

表 2-1　公共卫生间无障碍设施的设计要求

设施类别	设计要求
公共通道	地面应防滑且不积水，宽度应不小于 1350mm
盥洗盆	1. 距盥洗盆两侧和前缘 40mm 处应设安全抓杆； 2. 盥洗盆前应有 1150mm×950mm 可供乘轮椅者使用的面积
男卫生间	1. 小便器两侧和上方，应设宽度 650～750mm、高 1250mm 的安全抓杆； 2. 小便器下口距地面不应大于 480mm
无障碍卫生间	1. 除男、女卫生间外，还应设独立的无障碍卫生间，或在男、女卫生间内各设一个无障碍隔间； 2. 新建无障碍隔间的面积不应小于 1700mm×1300mm； 3. 改建无障碍隔间的面积不应小于 1600mm×1200mm； 4. 卫生间门扇向外开启后，入口净宽不应小于 850mm，门扇内侧应设关门拉手与内锁 5. 坐便器高 420mm 左右，两侧应设高 750mm 水平抓杆，在墙面一侧应设高 1450mm 的垂直抓杆
安全抓杆	1. 安全抓杆直径为 35～42mm； 2. 安全抓杆内侧应距墙面 45mm； 3. 抓杆应安装牢固

表 2-2　专用无障碍卫生间的设计要求

设施类别	设计要求
设置规模	能容纳超过 200 人同时就餐的大型餐饮店，应设无障碍专用卫生间
面积	不小于 2000mm×1600mm
坐便器	坐便器高 450mm，两侧应设高 780mm 水平抓杆，在墙面一侧应加设高 1350mm 的垂直抓杆
盥洗盆	两侧和前缘 60mm 处应设置安全抓杆
放物台	长×宽×高为 700mm×450mm×350mm，台面采用木制板材或石材
挂衣钩	可设高 1350mm 的挂衣钩
呼叫按钮	距地面高 350～450mm 处应设求助呼叫按钮
坐便器安全抓杆	同表 2-1

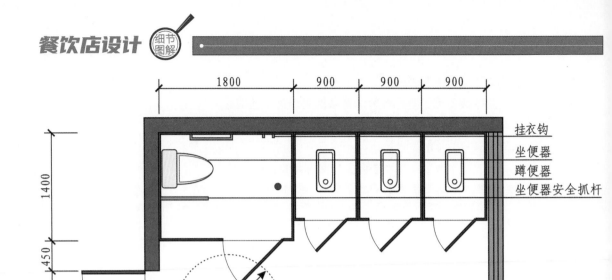

图 2-18　公共卫生间无障碍隔间示例

↑公共卫生间无障碍设计主要表现在开关门不会产生碰撞，整个通道动线顺畅。内部通道要能让轮椅原地旋转，直径保持1500mm 以上。内部隔间尽量多，但是单间的尺寸要保证人能正常使用，且不能完全遮挡窗户或户外采光。隔间的开门方向应当对着卫生间大门主入口方向，方便进出。无障碍隔间的尺寸要有保证，坐便器的方向没有要求，但是不能干扰正常开门与轮椅旋转。

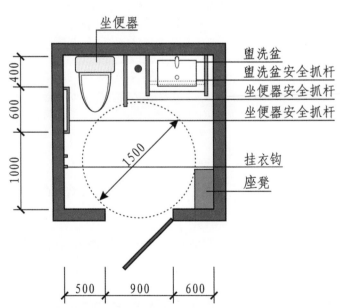

图 2-19　专用无障碍卫生间

↑专用无障碍卫生间主要是为老弱病残孕等人群设计，安全抓杆与坐凳十分贴心。盥洗盆、坐便器的尺寸可以选用较小的产品，保证轮椅能在内部空间原地旋转，此外还应当设计座凳，用于放置随身物品或供陪护人员使用。

4. 亲子卫生间

现代消费者对于亲子卫生间的需求日益增加，到餐饮店就餐的低龄儿童自理能力稍差，同时儿童正处于性别意识逐渐形成的阶段，无论是父亲带着女儿去男卫生间，还是母亲带着儿子去女卫生间，都会对儿童的性别意识产生不利影响。因此，在空间面积允许的情况下，应当设计亲子卫生间，内部设有成人坐便器与儿童坐便器，满足消费者的需求（图 2-20）。

a）有盥洗台　　　　　　　　b）无盥洗台

图 2-20　亲子卫生间

↑亲子卫生间内部空间的大小要有保证，要有 2 ~ 3 人的活动空间，不仅能让成人与儿童使用，还要让青壮年、老年人、残疾人能够使用。

2.3.2　厨房

厨房是为消费者提供就餐服务的主要功能区（图 2-21）。厨房的设计布局要根据餐饮店经营需要，对厨房各功能所需面积进行分配，严格划分操作区的尺寸，明确各区域、各岗位所需设备与空间，统筹设计。

a）规则布局　　　　　　　　　　　　　　　b）自由布局

图 2-21　开放式厨房功能区

↑开放式厨房的规则布局严格限定了就餐形式，厨师的操作仅在向消费者展示食品的安全与卫生，透明化操作流程。　↑开放式厨房自由布局更具自主性与互动性，适用于自助餐厅，厨师向消费者展示厨艺技能。

　　备餐间是配备菜品的空间，用于粗加工各种食材，定量配齐后再进行烹饪。备餐间应处于就餐区与厨房的过渡地带，就餐区与厨房之间采用双门双道设计，备餐间应有足够的面积容纳必要的设备（图2-22）。

　　洗碗间专门用于清洗餐具，工作质量影响到厨房环境与菜品质量。洗碗间面积不大，重点在于设计给排水管道（图2-23）。洗碗间应靠近就餐区、厨房，并配置消毒设施。洗碗间通风、排风效果要好。厨房整体设计布局应当保证各工种之间相互配合，但互不影响（图2-24）。

图2-22　备餐间

↑备餐间应位于厨房出菜区旁，同时不受操作区与其他工种的影响。

图2-23　洗碗间

↑洗碗间常处于满负荷使用状态，应位于对厨房影响力最弱的部位，不影响其他操作区的正常工作状态。

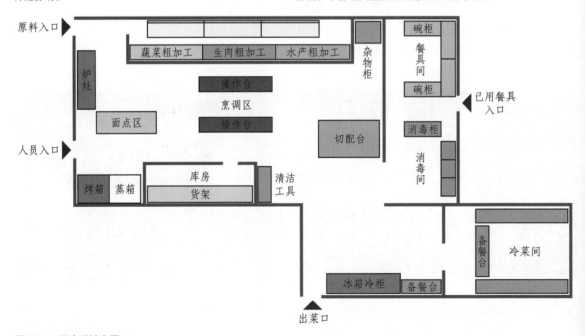

图2-24　厨房设计布局

↑备餐区应保持整洁干净无杂物，洗碗间应具备完整的洗涤系统与消毒设备。各功能区之间既有联系，又有区分。

2.4 餐饮店就餐区设计

2.4.1 单人就餐空间

单人就餐是指一个人的餐饮行为，无私密性，主要就餐空间是简易型就餐台面和吧台。简易型就餐台面适用于面积较小的餐饮店，台板高 720 ~ 780mm、座椅高 420 ~ 460mm。吧台主要出现在酒吧或高档的餐饮店，台面比普通餐桌高，吧凳高 780mm、台面高 1150mm，多出现在酒吧或带有前部就餐台面的餐饮店（图 2-25）。

| a）饮品台 | b）餐桌台 |

图 2-25 单人就餐区
↑单人就餐区中，饮品台的高度较高，消费者坐姿高度与服务员站姿高度相当，餐桌的高度比普通餐桌高，兼顾服务员站姿收发餐具与食物。

吧凳与吧台应保持 300mm 左右的落差，吧台较高时，相应的吧凳也要高一些。吧凳与吧台的下端落脚处应设有支撑脚部的支杆物，如钢管、不锈钢管或台阶等，较高的吧凳宜选择带有靠背的形式，坐起来感觉更舒适，同时有安全感，不会让人感到重心过高或眩晕（图 2-26）。

| a）不锈钢几腿凳 | b）钢筋回形凳 | c）伸缩凳 | d）固定凳 |

图 2-26 吧凳设计
↑强调坐视角度的灵活性，烘托吧台主体所需的简洁性，注重形状轮廓的精致感，可根据需要选择不同形式的吧凳。

2.4.2　双人就餐空间

　　双人就餐是一种亲密的就餐形式，所占空间尺度小、便于拉近就餐者距离，可形成良好的就餐氛围。多出现在高档餐饮店或咖啡厅中。两人方桌边长 ≥ 700mm，两人圆桌直径为 600 ~ 800mm，桌椅占地面积为 1.8 ~ 2m^2（图2-27）。

　　　　a）软质餐椅　　　　　　　　　　　b）硬质餐椅

图 2-27　双人就餐区
↑双人就餐区空间较小，适用于快餐厅，多采用圆桌或圆角桌并搭配造型相当的座椅，体量较小的家具应当宽松摆放，方便不同形体的消费者入座与离开，提高餐饮店消费者的消费频率。

2.4.3　四人就餐空间

　　四人就餐桌椅应用得最普遍，它能出现在各种档次的餐饮店，是少数人聚会的良好选择。一般四人方桌边长尺寸为 900mm×900mm；4 人圆桌直径尺寸在 1050mm 左右；整个占地面积 2 ~ 2.2m^2（图2-28）。

　　　　a）非对称四人座　　　　　　　　　b）对称四人座＋双人座

图 2-28　四人就餐区
↑四人桌是餐饮布局中最常见的座椅形式，既能满足 2 ~ 4 人就餐，还可以与邻座搭配，形成 6 ~ 8 人座，这种布局适用于经常更新菜品的餐厅，满足不同消费群体的需求。

2.4.4 多人就餐空间

多人就餐空间适用于多人聚会,一般出现在大型餐饮店。根据座位数的多少,桌子的尺寸有所不同,6 人长桌的尺寸为 1800mm×700mm;8 人长桌的尺寸为 2400mm×800mm;6 人圆桌的直径为 1200mm;8 人圆桌的直径为 1500mm;多人就餐空间整体占地面积较大(图 2-29)。

a)圆桌   b)长桌

图 2-29 多人就餐空间
↑在大型餐饮店中,就餐区设计多用 6 座以上的桌子,以满足多人就餐的需求。圆桌适用于面积较大的空间,交替摆放能节约占地面积;长桌适用于紧凑的空间,6 座以上的长桌多摆放在餐厅的边角。

2.4.5 卡座就餐空间

卡座与散座相比,更具私密性。卡座的座椅背板较高,一般可遮挡人的视线,形成较为私密的区域感。卡座一侧经常会有倚靠,像临窗、延墙、依靠隔断等。由于卡座多为沙发形式,所以所占空间较大。根据不同的就餐人数,座位长度不等,一般以四人就餐卡座较为多见(图 2-30、图 2-31)。

图 2-30 卡座与吧台就餐区
↑将沙发卡座与吧台相结合,同时满足单人就餐与多人就餐的需求,卡座的围合性与吧台的独立性相互补充,适用于空间紧凑的就餐空间。

图 2-31 卡座与散座就餐区
↑将沙发卡座与散座桌椅相结合,适用于面积开阔的就餐空间,沙发周边环绕桌椅,每个单元中的沙发坐 2～3 人会比较宽松。

2.4.6　封闭式就餐空间

封闭式就餐空间的优点是较为雅静，能成为消费者进行感情交流的场所，谈生意常常要在饭桌上获得融洽的气氛，以便交谈双方进一步转入正题。因此，封闭式就餐空间适用于中高档餐饮店，这里也能充分体现餐厅的饮食文化。

1. 独立包间

独立包间一般出现在中高档餐饮店。4 ~ 6 人规格的小型包间配有餐具柜，面积不小于 6m²。8 ~ 10 人的中型包间配有可供4 人休息的沙发组合，面积不小于 16m²（图 2-32）。12 人以上的就餐空间为大型包间，入口附近还要有一个专供该包间消费者使用的洗手间、备餐间。更大的大包间设 2 ~ 4 张餐桌，可同时容纳顾客 20 ~ 50 人。

2. 套间

套间多出现在大型高档的餐饮酒店中，内部空间一般分为四个部分：接待空间、就餐空间、备餐间、卫生间，其中接待空间放置组合沙发，用于餐前等候会务、餐后休息、短会；备餐间供服务员备餐并收纳餐具；卫生间专供本套间内就餐的消费者就近使用（图 2-33）。

图 2-32　独立包间
↑独立包间的就餐环境舒适、私密性强，不容易受到外界干扰，具有良好的氛围。

图 2-33　套间
↑套间内部空间装饰奢华，层高高于一般类型，多配有 1 ~ 2 名专职服务员。

★补充要点★

散座布局形式

散座是指布置在就餐区边角空间或固定区域，用以满足零散就餐的消费者的需要。散座的数量、占地面积应根据消费者数量考虑，还可以将散座分区设计，接待不同时段的消费者，且能保证消费者就餐时互不干扰。

2.5 餐饮店座椅选用

2.5.1 无靠背座凳

　　无靠背座凳多出现在低档餐饮店，占地面积小、移动灵活，但舒适性较差，如方板凳、长板凳，多出现在室外餐饮场所。其特点是结实耐用，造价较低，有的可多人使用，多出现在非正式的快餐店中，随意性较强（图 2-34）。

　　a）塑料凳　　　　　b）木凳　　　　　　c）钢木凳

图 2-34　无靠背座凳

↑无靠背座凳结构简单，方便收纳，塑料凳能叠加存放，适用于户外临时就餐；木凳造型多样，价格不低，适用于传统特色餐饮店；钢木凳结构牢固，适用于快餐店和早餐店。

2.5.2 有靠背座椅

　　有靠背的座椅比较大众化，从低档餐厅到高档酒店，有靠背座椅的适用性很广。不同类型的餐饮店中，座椅的材质有很大不同，消费额高的餐饮店选用软质坐垫靠背，消费额低的快餐店选用硬质或半软质坐垫和靠背。靠背高 400 ~ 550mm，也有装饰性较强的高靠背椅和带扶手的靠背椅（图 2-35）。

　　a）软垫椅　　　　b）木椅　　　　　c）沙发椅　　　　d）钢管椅

图 2-35　有靠背座椅

↑软垫椅适用于中高档快餐店，服务于较长时间的高消费活动；木椅适用于特色酒吧或咖啡厅；沙发椅适用于高档餐厅，满足消费者长时间就餐、会务、交谈的需求；钢管椅适用于中低端特色餐饮店，追求一定视觉效果与风格特色。

2.5.3 沙发

沙发是最高档的就餐座椅，兼有形式美观、体感舒适的优点，常常用在高档餐饮店或特色饮品店，如咖啡厅、西餐厅、茶餐厅、时尚餐厅等，但是沙发体积较大、移动不灵活。沙发单人坐垫宽度应达到720mm以上，深度达到550mm以上，靠垫厚度达到400mm以上。

餐饮店的沙发类型通常分为单人沙发、双人沙发和多人沙发几种（图2-36）。

a）皮质沙发　　　　　　　　　　　　b）布艺沙发

图2-36　餐厅沙发组合
↑沙发具有良好的就座感，能够给消费者带来良好的体验感，高档餐厅会用沙发作为座椅，注重消费者的就餐体验感，让消费者感到在店内就餐要比在家吃饭感觉更好。

2.5.4 席地而坐

日式料理的就餐习惯是跪坐式，多采用榻榻米形式。我国多数餐厅会根据国人的就餐习惯，在餐桌中央下方增加400～450mm的内凹空间，尽可能适应我国坐式就餐的习惯。但是这种形式不方便起身和入座，还需要在周边预留更多空间换鞋（图2-37）。

a）4人桌　　　　　　　　　　　　　b）6人桌

图2-37　适应中国就餐方式的日料店座椅
↑经过改良的座椅形式更容易得到消费者的认可，就座体验感更好，有利于文化交流。

2.6 餐饮店设计要点

2.6.1 地域文化特色

地域文化特色是指某地区独有的文化特色，包括当地传统民俗文化与历史文化。地域文化比民族文化的表现特征更明显，具有更强的识别性。餐饮店设计中需要把控好多种设计元素，对这些设计元素进行拓展设计（图 2-38）。

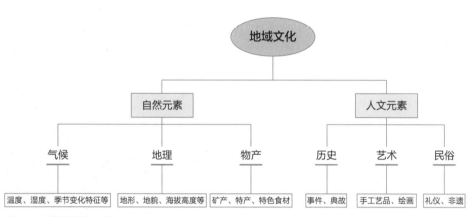

←要把控好地域文化设计元素，可以从本图中的主要分支中选取内容，再发挥创意，如人文元素中的民俗，可以延伸出传统礼仪与非物质文化遗产，这些都能与餐饮的地域特色挂钩，衍生出独特的设计元素融入餐饮店装饰造型中。

图 2-38 地域文化元素

为了突出体现地域文化特色，以当地特有的风土人情、自然风光、建筑特色为设计元素，通过一系列特色鲜明、具有地方特色的设计元素来装饰、烘托餐饮店的环境气氛。例如，可以将中国传统风格与现代装饰风格融合，打造一种新的饮食文化空间，将传统木花格与现代的钢化玻璃相结合，精选仿木纹或石纹地砖、金属肌理壁纸、深色木质护墙板等材料装饰室内空间的主要界面（图 2-39）。

a）就餐区

b）等候区

图 2-39 中式风格与现代风格相结合的餐饮店

↑将传统中式风格中的设计细节简化或图案化，将其转变成接近几何图形的纹样装饰室内空间，这样的装饰能工业化生产，降低施工成本。

2.6.2 注入科技手段

餐饮店想要追求新奇的就餐环境，可以运用高技派设计手法。例如，在传统装饰材料上覆盖带有金属质感的铝材、不锈钢、钢化玻璃等材料来加强空间的质感与对比效果，或直接运用原始型材与结构，不加任何修饰，只用带有金属质感的涂料喷涂，强化色调上的视觉效果。这些具有创造性的处理手法会让消费者在就餐环境中感受到现代都市生活相匹配的时代感与节奏感（图2-40）。

图 2-40　富有时尚感的餐饮店
↑在设计上追求时尚与科技感，大量运用亚克力灯罩，制作成六棱柱形吊灯，地面铺装六边形地砖，形成上下呼应，打造出全新的视觉感受。

★补充要点★

餐饮店设计要点

（1）**装饰避免同质化**　现代餐饮店的设计风格各有特色，但是在内部细节装饰设计上，容易出现烦琐、堆砌、复制的情况，在设计过程中应当多考察市场，从现有餐饮店中寻找设计灵感，在同类店的基础上改进提升，给人耳目一新的体验感。

（2）**注入地域与民族特征**　对当地民俗民风、饮食习惯等进行细致调查，结合当地餐饮文化特性，打造符合当地消费者喜好的就餐环境。

（3）**注重时尚感和氛围感**　注重时尚设计理念，强调个性和特色，营造舒缓浪漫的进餐节奏，强调舒适感与人性化，营造高质量的餐饮店氛围。

第3章

餐饮店细节设计

学习难度：★ ★ ★ ☆ ☆

重点概念：入口设计、餐品陈列、取餐口、
家具、堂食区、动线设计、翻台率

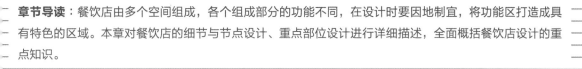

章节导读：餐饮店由多个空间组成，各个组成部分的功能不同，在设计时要因地制宜，将功能区打造成具
有特色的区域。本章对餐饮店的细节与节点设计、重点部位设计进行详细描述，全面概括餐饮店设计的重
点知识。

3.1 入口设计

3.1.1 招牌

招牌是消费者对餐饮店的最初认知，一般会悬挂在店门外部，又称为店招，有竖招、横招两种，或在门前上方横题字号，或在屋檐下悬置巨匾，或将硕大的广告字横向安装在建筑物上。招牌最基本的功能就是向消费者告知店面的名称与经营定位，具有吸引力的招牌能够让店面被更多人熟悉。招牌的样式多种多样，能表现出餐饮店特色的招牌应当具有明确的特征，如肯德基的店面招牌，在人群中能被快速识别，十分醒目（图 3-1）。

图 3-1　肯德基店招
→具有吸引力的广告招牌是传递商业信息最迅速、最节省、最有效的道具。

1. 招牌造型

店面招牌形式多样，以人物、动物、卡通等造型设计招牌，能在视觉上吸引消费者注意力，这些造型能引起消费者的认知共识。可以从一个店面的招牌中看出其经营风格，快速了解这个店面的经营类型与消费档次（图 3-2、图 3-3）。

图 3-2　中餐厅店招
↑中餐厅店招多用中国传统书法汉字搭配餐饮店 LOGO，文字形体大小根据招牌高度与宽度来设定，上下应各预留 20% 的空间。

图 3-3　西餐厅店招
↑西餐厅店招多采用经过设计的艺术字体，笔画纤细，表现出强烈的精致感，以深色背景为基础衬托发光字。

2. 招牌色彩

店铺招牌设计，不仅要注意造型、选材、工艺等方面，还要考虑给消费者带来的视觉与心理感受。招牌色彩设计十分重要，消费者对店招的认识首先从色彩开始，其次才是图形与文字（图3-4、图3-5）。色彩对比要强烈，传统醒目的色彩搭配基本都被使用过，在色彩上创新很难有所突破，应当根据周围环境和地方特色来选用色彩，营造出别具一格的视觉效果，吸引消费者，提升餐饮店在当地的市场地位。

图 3-4 海底捞火锅

↑黑底红字的招牌搭配并不常用，但是对火锅店的主题表述却十分贴切，尤其是深色底以深灰为佳。

图 3-5 沙县小吃

↑红与黄对比很强，依靠高纯度色彩来吸引消费者，绿色 LOGO 与红色文字形成强烈对比，更能突显效果。

3. 招牌灯光

在夜晚，灯光招牌能使店面明亮醒目，增加餐饮店在晚间的可见度。同时，这些招牌能营造出热闹和欢快的气氛。目前所有店面都选用 LED 灯为发光体，造型变化更加丰富，如制作成灯条能营造出霓虹灯的效果，安装到发光字中能起到明显的指明店面效果，能活跃气氛，富有吸引力（图 3-6）。

a）条形灯招牌

b）发光字招牌

图 3-6 招牌光照设计

←户外条形灯具有连贯性，能表现出建筑外围的体积关系和形体结构，LED 灯制作成灯条，模拟出传统霓虹灯的效果，具有怀旧感。发光字是室内店面招牌最常用的形式，采用透光度高的亚克力板雕刻文字，将亚克力板覆盖在 LED 灯表面，形成发光效果。

★补充要点★

餐饮店招牌识别

（1）**招牌要能被消费者看到** 招牌要能自然进入视线，让消费者一眼分辨出是什么店铺，无论白天黑夜都能被注意到。现代餐饮店招牌大多为灯箱制作，城市街道上随处可见，效果突出，能吸引消费者注意力，在黑夜里能显示出城市的繁华，代表该店铺的形象。

（2）**招牌要能被消费者记住** 招牌在餐饮店门面中起着指示、提醒的作用，让消费者通过招牌了解、认识店铺。餐饮店有自己特定的商标标志，主体形象应当有较强的视觉冲击力，方便消费者识别记忆。

3.1.2　入口接待处

餐饮店入口是消费者进入店内的主要通道，造型应当宽大，避免人流量大时发生通行堵塞。大型餐饮店还会在入口处设计等候区，安排好座椅，服务员甚至会贴心送上茶水、小吃等。因此，在入口接待处，餐饮店可以适当地做些景观造型，预留一定空间用于放置座椅（图3-7、图3-8）。

图 3-7　禄鼎记餐厅接待处设计
↑入口接待处地面铺装深色石材并设计拼花，具有强烈的肌理质感。

图 3-8　云顶伍拾柒餐厅入口设计
↑红色与绿色护墙板形成强烈的色彩对比，丰富入口接待处的造型与视觉效果。

3.1.3　吧台设计

餐饮店的吧台扮演着多种角色，吧台承担着点餐台、收银台、茶水吧等功能，是与消费者交流的主要功能空间（图3-9）。

以酒吧为例，吧台可以分为前吧、操作台、后吧等，酒吧的吧台比普通餐饮店的吧台要更宽大，吧台的外部通常用厚实的人造石或大理石装饰。服务员的工作走道，宽度不低于900mm，不能与其他设备布置矛盾，以免造成通行干扰。吧台顶部设计有吊顶，内部安装灯具对吧台进行直接照明。甚至可以在吧台底部加设条状造型灯具，让吧台的层次感更鲜明。此外，吧台的围合性要好，面向消费者的部分不设计明显的出入口（图3-10）。

图 3-9　艮上茶餐厅吧台设计
↑餐饮店吧台在色彩与材质的选择上，以质感与装饰性为主，木质纹理台面与白色顶棚的搭配效果更好。

图 3-10　广州太空主题星舰酒吧设计
↑大量运用石材、玻璃、不锈钢，能表现出灯光的复杂效果，突显吧台的设计档次。

3.1.4 案例简析：时尚酒店包间设计

这家主打时尚的中式餐饮酒店，包间以现代风格为主，搭配
精致软装陈设，照明充足，配置齐全，在细节上营造出精致的视
觉效果（图 3-11 ~ 图 3-14）。

a）柱角

b）墙角景观

图 3-11 包间外部走道
↑ 走道地面铺装设计三种色彩
拼块造型，丰富空间的层次感，
门框采用铝合金型材装饰。

图 3-12 角落细节
↑ 用钢化磨砂玻璃制作灯箱饰
品台，摆放装饰花卉，形成通
透的视觉效果。

↑ 在面积较大的空余角落布置仿真石料与仿真植物，形
成视觉焦点，缓解走道狭长给人带来的枯燥感。灯光多
角度照明，弱化阴影，丰富层次感。

a）装饰墙面

b）墙面造型局部

图 3-13 墙面造型
设计
← 铝塑板装饰墙面内
凹造型，采用不锈钢
收口条装饰，放置仿
真花，突出包间座席
区的主题特色。

图 3-14 包间组合
← 该包间为组合化设
计，由两个独立包间
组合而成，遇到团体
消费时，可将两个包
间之间的推拉隔断屏
风推开，将两个独立
包间转换为一个完
整、开阔的大包间，
满足不同人数团体就
餐。

a）包间左侧

b）包间右侧

3.2 陈列区展示设计

3.2.1 陈列形式

1.吧台货柜产品陈列

餐饮店吧台陈列产品时应当确保商品全部上架，陈列时应当将首推产品放在最佳位置，并重复陈列。吧台货架最佳位置的高度应与人的视线齐平，一般为货架中层，距离地面1700mm左右。最佳产品集中从左至右陈列，中间档次高，左右两侧档次低。陈列瓶装酒水时应当保持产品主标朝外，如果空间允许，应当对单品进行多瓶陈列，这样效果最好（图3-15）。

图3-15　吧台货柜陈列

↑这是一家料理店，操作台上陈列着当日的主打菜品，整齐划一地陈列在操作台一侧。上方的货架展示出该店的特色器皿、新鲜水果、酒水饮料等，客人在就餐时，厨师可以根据菜品，为客人提供合适的酒水饮料。

2.餐桌陈列

针对部分初上市酒水产品，可以在部分餐饮店的餐桌上进行样品陈列，但需标注"样品展示""付款消费"等提醒字样，防止消费者误解为赠品。

3.堆头陈列

在主题促销活动开展期间，可以在餐饮店内实施堆头陈列，位置主要选定在门厅或吧台旁边空闲区，堆头可按品字型摆放或几何图形摆放。堆头陈列是一种视觉冲击力较强的展示方式，但是不适用于价位较高的产品，适用于普通、大量消费的产品，如烘焙店内可以将大量产品堆头陈列，既能满足当天销售需求，又能形成氛围装饰（图3-16）。

4. 单独展柜陈列

在档次较高的餐饮店，可投放单独的产品展柜，放置在门厅或走道位置，展柜内陈列核心产品或形象产品（图 3-17）。

图 3-16　烘焙店堆头陈列
↑在烘焙店中，堆头陈列主要表现在货柜上，不同款式的面包堆放在一起，视觉冲击性强。

图 3-17　单独展柜陈列
↑在与酒有关的餐饮店中，将核心产品集中陈列在一个展柜中，可以提升产品档次。

5. 镜框画

镜框画是餐饮店进行形象包装的主要工具。镜框画适用于餐厅大厅、走道、包间等空间，镜框画的画面内容以系列产品海报为主，也可加入展现餐饮店品牌文化的相关元素。制作镜框画时，应注意材质品质，保证做工精致（图 3-18）。

a）立面效果

b）场景效果

图 3-18　镜框画
↑将油画作品装框后挂上墙，这种方法已经司空见惯，为了提升装饰效果，可以选用仿真油画或印刷油画，在画框表面覆盖玻璃，防止餐饮店油烟灰尘污染画面。可以在画框外部安装装饰圆镜，形成复古装饰效果，圆镜所遮挡的部位需要精心挑选，既是画面重点，又不能遮挡画面细节。

3.2.2 陈列标准

1. 陈列形态

在陈列商品之前，首先要对商品形态有充分认知，知道商品在什么状态下能够表现出其最佳形态，以最佳形态进行展示，促成消费者最终选择（图 3-19）。

图 3-19　陈列形态

↑无论是餐具的排列形式，还是装饰品的陈列方向，都有迹可循，两人桌的餐具陈列符合大多数消费者的使用习惯，餐盘在靠近桌边的中间位置，杯子在餐盘上方靠右摆放。

2. 陈列数量

确定陈列数量时要确定好商品的最低陈列量，重复陈列更能提高消费者购买欲（图 3-20）。假如商品陈列量未达到一定数量，消费者会认为该商品备货有限，或并不热销，销售量就会明显降低。

3. 陈列方向

餐饮店商品的陈列方向十分重要，要将商品主要标识与包装图案面向消费者，明确产品形象，给人带来直观的第一印象，放置在餐桌上的商品尽量靠墙，不占就餐桌使用面积（图 3-21）。

图 3-20　陈列数量

↑充分考虑陈列的数量，使其达到既能吸引消费者又不会显得商品不够丰富的效果。

图 3-21　陈列方向

↑具有方向性的陈列形式能够增强餐饮店的趣味性，餐桌上的物品统一放在一个位置上，便于识别。

吧台设计

（1）**吧台色彩** 吧台色彩能决定店铺给人的第一印象，需谨慎选择。为了体现餐饮店的设计重点，吧台色彩应当十分绚丽，区别于其他家具与主环境色彩，即使在朴素淡雅的空间中也要考虑在吧台上选用比较醒目的色彩。但是不要过于鲜艳，耀眼的色彩在室内会让人感到疲惫（图3-22）。

（2）**方便服务消费者** 吧台的作用是为了方便服务消费者，以酒吧为例，酒吧的吧台角度应当方便服务人员对着每位坐着的消费者，给所有消费者带来方便（图3-23）。

图 3-22　淡雅的吧台色彩

↑莫兰迪色系中能选用的色彩品种非常丰富，吧台选用莫兰迪系中的粉红色，餐饮店室内其他界面色彩的纯度均没有超过吧台，所以吧台色彩虽然淡雅，但是仍然十分醒目。

图 3-23　以吧台为核心的服务路线

↑吧台呈 L 形转角状，所面向的角度是全方位的，能让餐饮店室内外的消费者快速识别，店内面积不大，L 形吧台具有引导交通流线的作用。

（3）**合理布置空间** 吧台空间不仅要舒适，还要体现出它的特色，不能有拥挤和杂乱无章的感觉，要满足目标消费者对环境的特殊要求，吧台附近要留有一定空间，以便于消费者、服务员走动（图3-24）。

（4）**保证视觉第一** 吧台设置在消费者一进店就能看到的位置，提升吧台的存在感与使用率（图3-25）。

图 3-24　合理布置空间

↑吧台精简，周边要预留走道，便于消费者快速流动，吧台与部分座位融为一体，能进一步提升吧台的使用效率。

图 3-25　第一眼视觉效果

↑吧台设计在入口处，保留入口主通道的宽度，方便出入的消费者第一眼能看到吧台。

3.3 堂食区设计

餐饮店的营销核心就是堂食区，供消费者在店内就餐。堂食区注重就餐氛围的营造，需要在堂食区进行必要的装饰设计，营造良好的就餐环境。堂食区座位数量根据面积来设定，但是更重要的是位置安排，应当以消费者的角度进行规划。例如，靠近窗户设计景观式卡座，无窗户就设计主题装饰墙，位于空间中央的座位周边可以进行艺术品陈列等。当每个位置都有独特的视觉效果时，自然就营造出了堂食区独特的氛围。

3.3.1 最佳座位间距

客位数量往往直接影响餐饮企业的经营成本和经济效率，在单位面积内追求最大的客位数量是餐饮店设计的基本原则，但必须有度，考虑到消费者的舒适度，以及工作人员的可操作性。不少快餐店的经营特色在于外卖或外带消费，同时要降低店内保洁成本，因此不在店内设座位或少设座位。

一个人就餐所需的空间大小，大约是宽650mm、深850mm。餐桌的大小与高度各异，但是餐桌与椅子的相对高度是保持不变的。

就餐区两椅子之间的宽度至少要420mm。每个餐桌旁边应留宽1000mm的通道以便收餐，送收餐车通过的走道宽度至少需要1200mm，成人就餐所需的基本面积为1m² 左右。因此，座位与座位之间的距离应为1000mm以上，避免起身动作易打扰到邻座。座位设定数量应比空间可容纳的数量少，留出较为宽敞的走道空间，确保整体空间的舒适度，营造出轻松的氛围（图3-26）。

图3-26 座位间距设置
→桌椅设置能营造出餐饮店的基本视觉效果，消费者会根据餐厅的硬装风格来判断环境氛围的品质，看一眼店内的桌椅分布，就能看出一个店的品质和格调。

3.3.2 冷区与热区设置

窗边、包间、靠墙属于消费者的偏好区域，属于热区；走道、卫生间附近、楼梯口等区域，则是消费者的抵制区域，属于冷区。从餐厅经营的角度来看，无法完全回避冷区面积，就需要对其进行精心设计。例如，在就餐时拍照已经成为一种潮流，可以在冷区设计创意背景墙，通过造景形成主题，引导消费者进入主题空间，在心理上消除消费者对冷区的抵制心理（图 3-27）。

3.3.3 翻台率与营业额

座位由餐桌和椅子组成，一对椅子和一张餐桌称为一位。租金、前期投入、回报率都与餐位数量有直接关系，需要严密分析计算，而不是直接按每个餐厅应该有多少个座位来计算。

如果暂时不考虑客源因素，店内的翻台率很大程度上与销售产品有关。例如，早餐相对就餐时间较快，中晚餐就会比较耗时，但是中晚餐的人均消费单价会比早餐高很多。

假如，一家早餐店平均每天营业时间是 5 小时，每小时翻台 4 次，那么翻台次数是 20 次，平均每个位坐两人，早餐平均消费为 25 元 / 位，每天每个座位的营收是 1000 元。如果早餐店只有 80m² 就餐区可用，要保证盈利必须达到每天进账 8000 元，那么至少要有 8 个位，这样每个位所占用的空间就能确定下来（图 3-28）。

但是在现实中，座位与餐厅面积并不成正比，影响最大的因素是客流量。很多人满为患的餐厅会尽量选择小巧简单的桌椅，增加座位数量，因为客流大，这样可以增加营业额。消费者是否在店内就餐并不重要时，座位设置就会相对弱化。但是大多数情况下，如果店内环境好，消费者都愿意在店外等待，依次排队进店就餐。

图 3-27 将进门处的冷区打造为热区
↑ 使用特殊造型的座椅与特定的灯光，消费者在拍照时能够更好地拍出食物的色彩与光泽。

图 3-28 座位数量设计
↑ 注重氛围营造的餐厅，一般会拉开座位间的间距，减少相邻座的干扰。

3.4　外卖区设计

随着网络的普及，外卖行业得到迅速发展。如今，各种外卖 App 上线，不少餐饮店加入了外卖一族，需要在店内设计独立的外卖区。

3.4.1　外卖方式

餐饮店的外卖订单主要分为两种，一种是消费者来不及就餐，或主动打包带走，另一种是外卖平台上的订单，需要专业外送员配送。

1. 店内打包带走

店内打包的订单主要来源于店内就餐者，将剩余的餐食打包，或路过店面，打包一份餐食回家。在这种情况下，由于餐食制作需要一定时间，商家要提供等候区给消费者，在店内就餐者较多的情况下，需要打包的消费者要等候更长时间。所以，必要的等候区设计很有必要。

2. 外卖 App 订单

外送的订单主要来源于外卖平台，这一举措实现了商家出餐，外卖人员即刻取走。外卖人员订单数量多，省去了中间漫长的等餐时间，但偶尔还是会出现餐品取送不及时的情况。因此，商家应该设置打包区与餐品放置区，必要时，还需要设置食物保温箱，尤其是在冬季，食物的热度很重要。

3.4.2　打包区设计

外卖打包处一般设计在距离厨房操作间最近的位置，方便出餐后立即打包，减少食物暴露在厨房中的时间。因此，打包区会设计在厨房中，打包员打包完毕后，直接递给收银台，由外区服务员负责将餐品递到外卖员手中（图 3-29）。

图 3-29　打包区设计
→打包区与操作区、收银区处于同一水平线上，出餐效率能够快速提升。打包区应材料充足，如打包盒、一次性餐具、小菜、调料等一应俱全。这些都需要专门的台柜来配置，可以根据需要选购成品台柜，注意台柜尺寸与餐饮店预留空间尺寸相符合。

3.4.3 取餐处设计

外卖等候区与取餐处的位置要根据餐饮店的规模来设置。大型连锁餐饮店讲求效率，在设计上会细分功能分区。外卖订单主要集中在午餐时间，主打外卖的餐饮店会将员工分为订单岗、烹饪岗、打包岗等岗位，再按照需求配置人员，这种协调合作的岗位安排，即使在就餐高峰期，也能从容面对大量订单。取餐处占地面积不宜过大，否则就丧失了外卖销售的意义，大多数餐饮店的外卖取餐处占地面积不超过 $2m^2$。

传统餐饮店往往将堂食与外卖的出餐口混在一起，在就餐高峰期，二者难免会互相干扰。同时，堂食区消费者在等待餐品时，不断出来的外卖餐品会影响消费者的就餐心情，感觉商家只重视外卖平台，不重视堂食消费，对吸引人再次光顾消费造成不良影响。因此，无论营业面积大小，外卖取餐处都应当控制占地面积，可以设计或选购货架用于放置外卖餐品，将外卖取餐处与堂食取餐处分开。如果店内面积有限，也可以共用取餐台，但是要严格划分区域，方便外卖员快速识别（图 3-30）。

在餐饮店设计过程中，应当设计出一条专门的取餐通道，将餐品根据外卖平台的不同分类放置，才不至于出现拿错餐的情况。同时，在保证餐品不脱落的前提下，尽可能方便外卖员快速找到自己需要配送的订单。可以在最靠近餐厅前门或后门的位置设计专用取餐处，这个区域应与店内的取餐处分开，避免与店内就餐的消费者的餐品混淆（图 3-31）。

图 3-30 堂食与外卖取餐分开
↑在店内现有格局或面积不足且订单量较多的情况下，将外卖与店内取餐区设计在一起，安排 1 名接待员，负责堂食区与外卖区的餐品发放。台面可以设计得宽大些，深度可以达到 800mm，方便外卖员放置外卖箱。

图 3-31 专门的外卖取餐处
↑当外卖订单多于堂食订单，或两者不相上下时，设立专门的外卖取餐处，将堂食与外卖取餐分开，能够有效提升餐品的出餐率，减少错误订单，营造良好的就餐氛围。不少餐饮店专做外卖，这样能省去堂食区装修成本，这时可以加强外卖区的招牌形象，强化产品的识别广告。

★补充要点★

外卖包装设计

　　大多数商家会将精力放在如何提升口味上。但是如果只注重食物，完全忽视外卖包装的作用，可能会失去很多客户。在两家店面餐食口味和价格差不多的情况下，消费者自然会选择包装好看的那一家。如今在消费升级的市场环境下，人们对外卖的要求已经不再只追求吃饱，而是上升到品质、安全、健康、品牌等多维度追求。优质包装正在承担起外卖消费升级的功能，它能帮助商家在竞争对手中杀出重围，让顾客下单后印象深刻，并持续购买。

　　以下是一家轻食店的包装，该轻食包装采用牛皮纸镂空设计，同时搭配清新明亮的颜色。略显抽象的纹理图案设计，代表各种健康食材的成分。在突显该产品的品牌理念和属性特点的同时，也使该餐品更加引人注目（图3-32）。

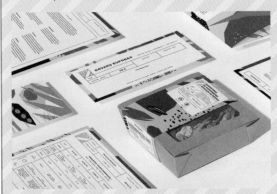

a）单品包装与便签 　　　　　　　　　　　　　　　　b）系列包装

图3-32 轻食外卖包装设计
↑牛皮纸包装具有原生态效应，但是色彩比较单一，适用于工业产品，因此作为食品包装时可以加入透明PC胶片表现出食物的真实状态，搭配环封点缀产品外观，同时能粘贴食品配料表等文字信息。

　　以下是一家茶饮外卖店的外卖包装，以品牌标准色为主线进行延伸设计，融入年轻时尚元素，里面不乏色块拼接、招贴图标等概念设计，时尚潮流，十分有型（图3-33）。

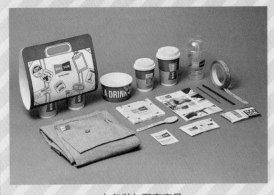

a）包装与配套产品 　　　　　　　　　　　　　　　　b）饮品容器包装

图3-33 饮品外卖包装设计
↑蓝绿色与粉红色原本是不相关的颜色，但是在白色的调和下，二者能形成比较醒目的对比效果，这两种装饰性色彩各有表意，蓝绿色表示茶叶的原色，粉红色表示女性消费者，准确的消费群体定位，给商品赋予明确的设计主题。

3.5 家具设计

餐饮店家具主要分布在操作间、就餐区、收银台、卫生间、展示柜等区域。操作间一般情况下不允许消费者进入，因此本节主要对就餐区、收银台、卫生间、展示柜等区域的家具设计进行详细介绍。

3.5.1 就餐区家具设计

餐饮店主要经营项目是饮食，因此餐厅里的餐台、餐椅、沙发是餐饮店的主要家具，特征是数量多、占地面积大。家具的造型和色彩对确定餐厅基调有很大作用，家具风格与空间装修风格要统一，同时要与软装设计相协调（图 3-34）。

a）座椅　　　　　　　b）餐桌与墙面

图 3-34 餐饮店家具设计
←根据餐饮店设计主题选用不同造型的桌椅，可爱的造型突出童趣感，紧凑排列的方形餐桌适用于快餐，墙面造型材质与餐桌呼应，也属于家具的一部分。

3.5.2 收银台设计

餐饮店收银台不同于办公空间的接待前台，餐饮店收银台是没有通用标准的，需要根据实际空间情况和消费者定制（图 3-35）。通用的椅面高度为 420mm，桌面高度为 720mm，上下差距不超过 40mm。收银台高度为 950 ~ 1250mm，收银台椅子的高度为 650 ~ 850mm。

图 3-35 麦当劳收银台设计
←以麦当劳的收银台为例，收银台高度适中，消费者在点餐时，能清楚看到操作设备，对厨房操作环境一目了然，同时也方便收银员与消费者对话。

3.5.3 卫生间设计

在进行公共卫生间设计时，卫生间内部隔断必不可少，这样才能让公共卫生间内部空间合理分配，使用起来更加方便。

公共卫生间中应适当增加女卫生间的蹲（坐）位数和建筑面积，男蹲（坐、站）位与女蹲（坐）位比例以1：1.5为宜。

目前，大中型餐饮店有自己的独立卫生间，通常以男女比1：1的比例设计，或者不分男女，只要是空闲的都可以使用（图3-36）。而一些在大型购物中心的餐饮店，主要依托商场的公共卫生间，不需要设计师专门设计（图3-37）。

图 3-36　商家个人卫生间

↑为了提升卫生间的使用效率，可以将开窗设计在高处，靠窗墙面设计盥洗台，这样能最大程度地增加卫生间的使用率。色彩搭配应当简洁明了，以冷色系为主，能提高使用效率，减少室内停留时间。

图 3-37　购物中心公共卫生间

↑室内面积有保证，分为内外两个区，隔断分隔明确，功能齐备。为了满足不同消费者的需求，室内色彩以暖色为主，深色与浅色搭配对比较大，形成明确的色彩差。

3.5.4 展示柜设计

在餐饮店里，展示柜主要起到装饰空间、分隔空间、展示店内商品的作用。展示柜的高度主要根据功能来决定，展示柜作为隔断使用时，一般采用半隔断或全隔断设计，作为装饰柜使用时，高度可以自行决定（图3-38、图3-39）。

图 3-38　分隔空间展示柜

↑将展示柜作为厨房与就餐区的隔断，既不会显得突兀，还能增强餐饮店的趣味性。

图 3-39　展品展示柜

↑在餐桌后的一面墙上添置展示柜，为枯燥的墙面增添了趣味，具有良好的装饰效果。

3.6 动线设计

动线是建筑与室内设计的基本用语,指人在室内外移动的点连起来后形成的线。餐饮店动线是指消费者、服务员在餐饮店内流动的方向和路线。餐饮店动线分为消费动线和服务动线,消费动线要能引导消费者移动,服务动线则以方便服务人员行动为原则。前者需要保证消费者最佳的就餐体验,后者需要保证最快的服务效率,两者效率的叠加,便是餐饮店的总体运营效率。

3.6.1 消费动线

消费动线的起点和终点都在餐饮店的主入口,从大门到座位的通道应当畅通无阻,形成回旋。动线设计的目的,是为了使消费者轻松把握空间的组成并快速寻找空位入座,就餐消费完毕后能快速离开,在心理上形成安全感。

合理的设计能引导消费者,让消费者在点餐、就餐、出入过程中能流畅、有序地行动,令消费者更加方便地使用空间(图3-40)。

a)卡座区　　　　　　　　　　　　　　　　　b)吧台区

图 3-40　咖啡馆动线

↑座位一字形排列是对消费者的引导,消费者会顺着座椅摆放的方向移动,快速进入到空位中。如果室内空间较小,可以在吧台区前方保留方形空间,形成视觉回旋空间,方便消费者原地旋转,寻找空位入座。

3.6.2 服务动线

前厅服务动线是服务员将菜肴由厨房备餐间端出,传送菜品到每个餐座,再将消费者就餐后的餐具送回洗碗间的路线。起点是备餐间出口,终点是洗碗间入口。厨房服务动线是指是厨房人员、物资的移动路线。

服务动线的设计会影响餐厅运作的整体效率。合理的动线设计有助于提高空间的使用效率,让餐饮店室内空间疏密有致,提高服务效率和质量,降低服务员的工作强度,也有利于设备系统的运行和保养(图3-41、图3-42)。

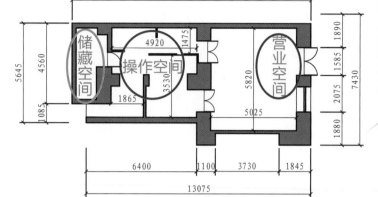

图 3-41　原有空间形态
→隔墙、立柱较多，无法拆除或进行太大
变更。

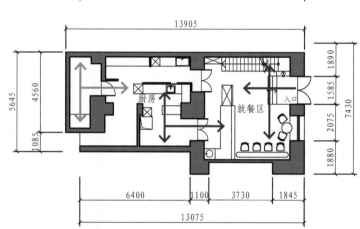

图 3-42　设计后的服务动线
→动线一（紫色）：从大门进入就餐区。
动线二（红色）：厨房活动并进入就餐区。
动线三（绿色）：储藏间活动并进入厨房。

3.6.3　餐饮店动线设计的作用

1. 简化点单流程

合理的动线规划能方便消费者进行消费决策，刺激消费者的消费欲望、提高点餐效率等，这种设计在快餐店中尤为突出，明朗的动线设计有利于消费者快速点单。

2. 降低餐食准备时间

餐饮店员工需要以流水化服务动线展开工作，厨房等地的动线设计直接影响出餐流畅度和消费者的等待时间。

3. 降低人力成本

动线设计是否合乎效率，直接决定了餐饮店在消费者过多时会不会出现慌乱的情况，服务员忙乱容易产生重大失误，例如上错餐、发生碰撞等。

3.7 餐椅设计

3.7.1 座面高度

不同国家、不同民族的人，人体尺度不尽相同，我国一般椅子座面高度为 420～460mm，座面过高或过低都会对身体造成不良影响，会导致身体肌肉疲劳或软组织受压等，我国休闲沙发的座面高度一般为 350～420mm（图 3-43）。

a）简约主题

b）复古主题

3.7.2 座面宽度

一般椅子座面宽度不小于 380mm，需根据是否有扶手来确定椅子的具体座面宽度。有扶手的椅子座面宽度不小于 460mm，一般为 520～560mm（图 3-44）。餐椅不能过于慵懒休闲，这样容易造成人因长时间保持慵懒坐姿而导致身体不适。而且餐椅的大小要根据具体的空间大小来适当选择，不能占用太多的面积。

图 3-43　不同主题餐饮店的座椅
↑在符合人体工程学的情况下，座椅高度应当适中，要突出室内设计氛围，可以在座椅表面放置坐垫，虽然增加了座面高度，但是一般尺寸仍然在能正常范围内。

图 3-44　舒适的餐厅座椅
↓带有包裹的座椅舒适度会更好，适用于人均消费较高的餐厅。

a）单人沙发

b）吧台座椅

3.7.3 座面深度

如果座面太深，背部支撑点会悬空，膝窝处会受到挤压。如果座面太浅，大腿前沿软组织没有衬托，坐久了会大腿麻木，并且会影响就餐心情。

椅子座面深度一般为 450 ~ 550mm。用于休息的椅子与沙发，由于靠背倾斜度较大，座面深度可以深一些，为 520 ~ 620mm。随着科技与工艺不断进步，包裹性、舒适性更好的座椅沙发不断降低成本，许多人性化家具已经大量运用到餐饮店设计中了（图 3-45）。

a）西餐厅　　　　　　　　　　　　　　　　b）咖啡厅

图 3-45　沙发座椅
↑沙发座椅的深度决定了消费者的舒适度，在选择沙发座椅时，可以根据餐饮店的类型来决定坐深，例如，西餐厅的沙发坐深应高于咖啡店。

★补充要点★

不同类型餐饮店的座椅

餐饮店消费主要可以分为快销、普通、高端三种。快销餐饮店主要是指饮品店、甜品店、外卖店，不设置座椅，或仅摆放造型简单的坐凳，供消费者短时等候，如果摆放舒适的靠背座椅，会导致大量消费者消费完毕后仍留在店内，影响客流量。普通餐饮店多为各种中低端快餐店、中餐厅、自助餐厅等，多设置硬质座椅或薄海绵座椅，店内消费时长 20 ~ 40 分钟，店内座椅在一个消费时段内可满足 2 ~ 3 批消费者使用。高端餐饮店多为西餐厅、地域特色餐厅、品牌餐厅，多设置软质座椅或沙发座椅，店内消费时长超过 40 分钟，店内座椅在一个消费时段内仅满足 1 批消费者使用，人均消费额度较高，餐饮店获利也较高。

3.7.4 餐饮店家具尺寸

每个人的身高、体重都不相同，餐饮店家具只能满足大多数人的尺寸，但是特色餐饮店会定制家具，尤其是沙发与台柜类家具，尺寸可以根据需要来设计，下面列出常见餐饮店家具尺寸图供参考（图 3-46）。

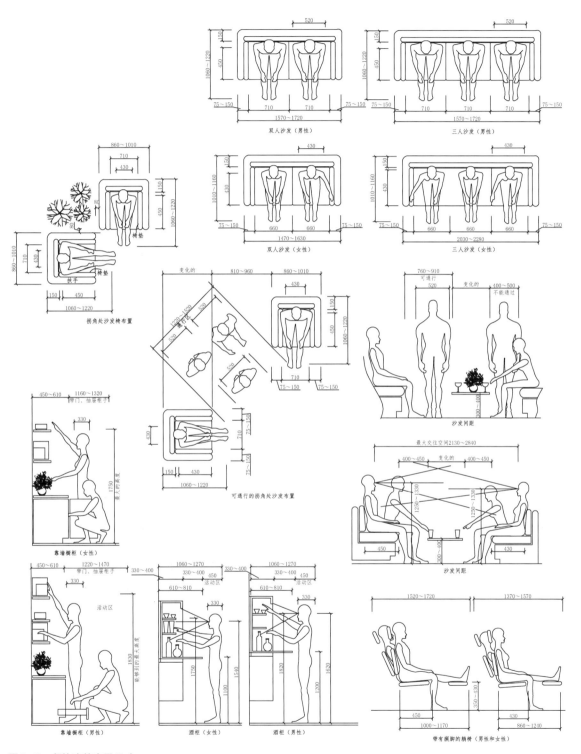

图 3-46 餐饮店的家具尺寸

↑图中部分尺寸具有一定变化范围，可根据实际空间确定，限于本书幅面，如有数据看不清楚，可按本书前言中所提供的方式获取高清原图。

3.8 包间设计

3.8.1 包间种类

餐饮店包间也分不同类别，可以根据具体消费档次与需求来设置包间，主要包括小型包间、中型包间、大型包间、可开可合的双桌间等。用于包间内的座椅宽度一般为 480 ～ 550mm，正常摆放时，椅子前端与桌子边缘之间的间距为 100 ～ 150mm。

1. 小型包间

基本设施为一套 10 人桌椅和一个餐具柜。有些餐厅考虑到小家庭和部分群体的需求，设计了供 8 人或 6 人使用的小包间，特别受欢迎（图 3-47）。

2. 中型包间

中型包间与小型包间的差别是，中型包间往往摆放可供 4 ～ 5 人休息的沙发组合。休息处是供先到宾客等候后到宾客的区域，是用餐前后洽谈业务、交谈沟通的区域。如果包间设有卡拉 OK 设备，它也是客人唱歌的地方（图 3-48）。

图 3-47 小型包间
↑小型包间在餐饮店十分受欢迎，是餐饮店中最为常见的包间形式，空间不需要很大，由于是封闭空间，让人很有安全感。

图 3-48 中型包间
↑中型包间介于小型包间与大型包间之间，面积稍大，入座人数更多，但不一定会放置沙发，在餐饮店设计中容易被忽视。

3. 大型包间

大型包间的休息处面积大于中型包间，包间的空余面积也大，休息处附近可能还有一个小舞池。大型包间的餐桌可容 12 ～ 14 人。有些大型包间设两张餐桌，可同时容纳 20 ～ 30 人。部分大型包间也会设计成小型宴会厅的形式，能放下 4 ～ 8 张大桌，满足团体就餐的需求（图 3-49）。

4. 可开可合的双桌间

为增加使用上的灵活性，可设置中间有活动隔断的双桌间，并在包间前后各设一扇门，需要单独使用时，可用隔断将包间分成两个各有一张餐桌的小包间；需要合起来使用时，可以拉开隔断，使之成为一个具有两张餐桌的大包间（图 3-50）。

图 3-49　大型包间
↑大型包间一般出现在酒店型餐饮店中，注重消费者享受型消费体验。

图 3-50　可开可合的双桌间
↑可开可合的双桌间实用性强，整体时是双桌间，隔开时就成了两个小包间。

5. 宴会包间

为了提升就餐的仪式感，或为了接待贵宾、举办重大纪念活动，高档大型餐饮店往往会设置宴会包间（图 3-51）。宴会包间面积较大，甚至相当于小型公共就餐区，或开放，或封闭，或与其他就餐区组合为一体。宴会包间属于团体就餐空间，一般用 10 ~ 16 人圆桌布置宴会包间。

a）中式宴会包间

b）西式宴会包间

图 3-51　宴会包间
↑宴会包间一般出现在高档餐饮店，用于举办大型活动或婚宴，设计十分精致，有的还会铺设地毯，能提升餐饮店的档次。中式宴会包间造型简洁，灯光为暖色调，适用性更强，能满足大多数中国消费者。

↑西式宴会包间大多设计复杂，吊顶、墙面、地面材料铺装丰富，凸凹造型繁多，主要通过灯具、装饰线条、软装陈设来体现风格。但是西式宴会包间中的餐桌仍然是圆桌，这与中式宴会包间的布局一致，同样适用于中国消费者。

3.8.2　包间餐桌尺寸

包间内的餐桌尺寸要根据包间面积来设定，小型包间往往只有一套桌椅，而大型包间会有多套桌椅，具体餐桌尺寸见表3-1。

表3-1　包间餐桌尺寸表　　　　　　　　　　　（单位：mm）

餐桌类型	图例	尺寸	应用
2人方桌		长×宽： 600×600、 800×800	用于小型包间或卡座
4人方桌		长×宽： 800×800、 1000×1000、 1400×800	用于中小型包间或卡座
6人方桌		长×宽： 2200×800	用于中型包间或卡座
8人方桌		长×宽： 2200×1000	用于西餐厅、现代风格餐厅的中型包间或卡座
8人圆桌		直径：1200	用于中型包间

（续）

餐桌类型	图例	尺寸	应用
10 人圆桌		直径：1500	用于大型包间
12 人圆桌		直径：1800	用于大型包间或双桌包间
15 人圆桌		直径：2200	用于大型包间
18 人圆桌		直径：2800	用于大型包间或宴会包间
20 人圆桌		直径：3000	用于宴会包间

3.8.3 包间卫生间设备尺寸

高档包间通常会设置卫生间，卫生间内的设备尺寸如表 3-2 所示。

表 3-2 包间卫生间设备尺寸表 （单位：mm）

设备	图例	尺寸（长×宽×高）
坐便器		600×370×680
悬挂式洗手池	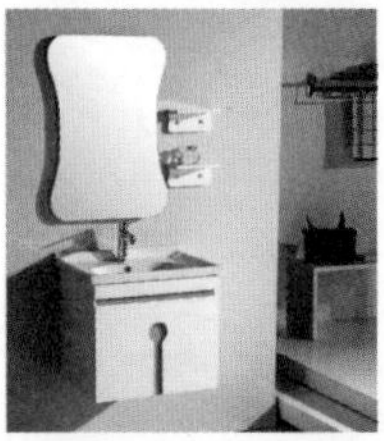	700×500×820
圆柱式洗手池		600×500×820

★ 补充要点 ★

餐饮店卫生间设计

1）卫生间门要隐蔽，不能直接对着餐厅或厨房开。要有一条通畅的公共走道与之连接，既能引导消费者找到，又不过于暴露。卫生间不能与备餐出入口离太近，以免与主要服务动线交叉。

2）卫生间要设在餐厅边角部位和隐蔽部位。大餐厅中要考虑消费者的经由路线，二层或多层餐饮店应当考虑分层设置卫生间。

3）男、女卫生间分设，男、女卫生间的形式和要求不一样，用异性刚用过的卫生间，心理上会有抵触感。男、女卫生间的门应尽可能离远一点，以免出门对视引起尴尬。可以设计为先共进一个公用大门，再分设男、女卫生间门，这样能够有效缓解尴尬。

第 4 章

多功能小吃摊设计

学习难度：★★★★☆

重点概念：固定、移动、餐饮种类、
软装配饰

章节导读：小吃摊是十分常见的流动式餐饮平台，在学校门口、小区周边、公园、广场等人流量比较集中的地方几乎都可以看见它的身影。不过，有的小吃摊备受关注，有的却门可罗雀。产品比较丰富的小吃摊，人气会比较旺，而产品类型单一的小吃摊，关注度比较低。消费者渴望的是大而全，但是很多小吃餐饮品牌却是小而少，消费者自然无法得到满足。

4.1 店内小吃摊

4.1.1 吧台式小吃摊

吧台式小吃摊十分常见，如饮品店、早餐店、烧烤摊、包子铺等，具有面积小、品种全、操作快等优势，一般位于住宅小区、办公区附近以及商业空间出入口，店内可容纳 2 ～ 3 人，负责制作与收银，整个小吃摊运营有序（图 4-1）。

在结构设计上，餐品通常是以货柜的形式摆放，方便消费者选择，购买效率高。店面上方设有菜单栏，消费者点单后，稍等片刻便能拿到餐品，这也是目前较为火爆的餐饮销售模式，商家卖多少就做出多少成品，减少了食材消耗（图 4-2）。一些生意火爆的小吃摊还会贴心开辟出小区域，为消费者准备桌椅，减轻等待时的疲惫感。

图 4-1 四美包子
→包子铺具有面积小、品种全、购买速度快等优势，十分适合在小区、办公楼附近开设，购买人群多为上班族与学生，在店面设计上以简单直观为主。

招牌与菜单设计在摊位上方

下方为收银台、产品价目表

操作区位于收银台后方，消费者下单后，可在短时间内拿餐，十分便捷

图 4-2 奶茶店
→柜台内为收银操作区，柜台外为街道，消费者在店外点餐取餐，可观察到整个奶茶制作的过程，收银台上有当季新品与热销商品的宣传画。营业结束，只需将卷帘门放下，关闭店面快速。

4.1.2　橱窗式小吃摊

　　橱窗式小吃摊通常较小，一般位于商业区黄金地段，由于租金较高，房产投资者会将 1 个店面分为 2～3 个摊位出租，由于面积较小，这类小吃摊只能外带打包，不能堂食。

　　面临街道的小吃摊面积小，消费者通常是看不到操作区的，或被布帘直接阻隔视线。前台区的功能是点单、收钱、送餐，后台区功能是操作与打包。在这样的小空间中，动线十分明显，一旦动线发生变化，会打乱收银区与操作区之间的协调性，降低经营效率。

1. 设计重点

　　橱窗式小吃摊的设计重点在于如何在众多店面中突出自己，应将设计重点放在招牌、价目表、店面造型与色彩上。通过装饰设计展现出与众不同的店面气质，售卖的第一要素是要先吸引消费者的注意力，消费者无法注意到小吃摊，自然不会过多停留。

　　对于完全透明化的操作区，整洁明亮是第一要务，在设计时要根据使用顺序合理配置，做好收纳储藏，给消费者营造一个干净、卫生的小吃摊。

2. 材质选用

　　橱窗式小吃摊选用的材质与室内装饰相似，但是橱窗常经受日晒雨淋。因此，在材质选择上以耐用、易于打扫为主。柜台材质可以使用成品木质装饰板、不锈钢板、铝塑复合板、竹炭纤维装饰板，或直接选用成品组合柜。风格造型上不要有太大变化，以现代简约风格为主，尽量以简洁的工艺形象呈现出来，不使用施工困难或工艺复杂的材质，减少增加前期的资金投入，方便后期打扫卫生（图 4-3、图 4-4）。

图 4-3　全封闭式橱窗店面
↑采用封闭玻璃橱窗与铝塑复合板，能保证食材的新鲜度与卫生，减少灰尘。

图 4-4　半封闭式橱窗店面
↑外墙可用乳胶漆，橱窗用铝合金边框的可开启式玻璃窗。

4.1.3 店内移动小吃摊

相对于固定式店面小吃摊，店内移动式小吃摊十分方便。营业时，将小吃摊从店内推出来，即可作为经营场所开始销售，而这时，店内可作为就餐区，为消费者提供桌椅（图4-5）。营业时间结束，只需将小吃摊推回店内即可，运营省事省力。因此，这种小吃摊设形式十分受欢迎，尤其是在早高峰与夜宵时间段，店内、店外均十分有人气（图4-6）。

图4-5 移动式小吃摊
↑小吃摊位于店面前方，后面为店内就餐区域，前方为街道，不少路人聚集在摊位前，开始选择食物。这种摊位在夜市或早市中比较常见，赶时间的消费者可以买完就走，不赶时间的消费者可以在店内慢慢品味美食。

a）正面侧角

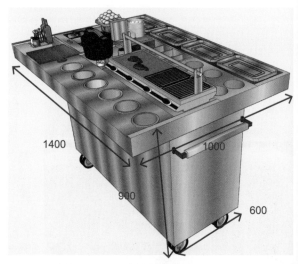

b）背面侧角

图4-6 手推车
↑由于就在店面附近，手推车的轮子很小，不影响推车的美观性。手推车采用食品级不锈钢材质，可以直接处理一些简单的熟食，如煎包、蒸包等。

4.2 手推摊车

> 移动式小吃摊十分常见，穿梭在马路边、小吃街等场所。小吃摊可以移动，摊位可以随着经营者一起走，不再局限于某一地点，由此改变了经营模式。移动式小吃摊又可以分为手动款、三轮款、电动款三大种类，经营者可根据居住地与经营点的位置，选择合适的类型。

　　手推小吃摊适合短距离经营，人的精力有限，长时间推动摊车容易疲惫，因此手推式摊车不应移动 1km 以上的距离，超过 1km，摊主的体力消耗较大，应当使用有助力的摊车。

　　手推摊车与其他类型的摊车相比较，在功能上侧重于实用，没有座位设计。因此，手推摊车的外观设计尤为重要。从消费者注意到摊车开始，到食物制作，再到成品包装，好的外观设计会给消费者留下好的印象。

　　手推小吃摊的形式多样，可以根据经营内容和具体需要来设计，如果想要经常变换经营产品，应当选用综合性较强的造型（图 4-7）。

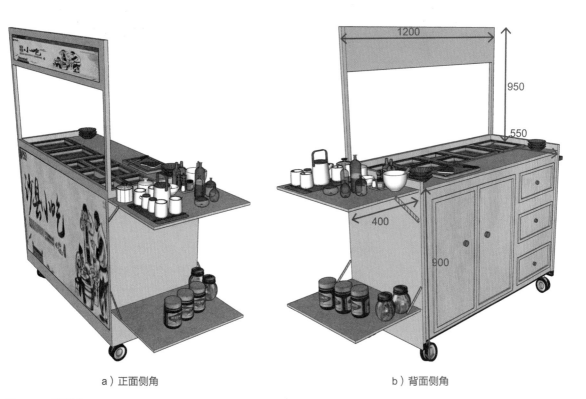

a）正面侧角　　　　　　　　　　b）背面侧角

图 4-7　手推摊车
↑手推摊车能够到处推着售卖，一般摊车会固定在某一地点按时售卖，因此，在设计上要有辨识度。摊车上有可折叠侧板，可临时放一些调料瓶等小物件。

4.2.1 摊车材质

手推摊车需要经常移动，应以不锈钢为餐车的主体结构，坚固耐用、易于打理，但也存在摊车较重这一问题，因此手推摊车只适合短距离推动，距离太远则不适合。轮子以 4 个为最佳，其次是两轮，若是三轮推车，轮子最好两大一小，这样摊主推起来较为省时、省力（图 4-8）。

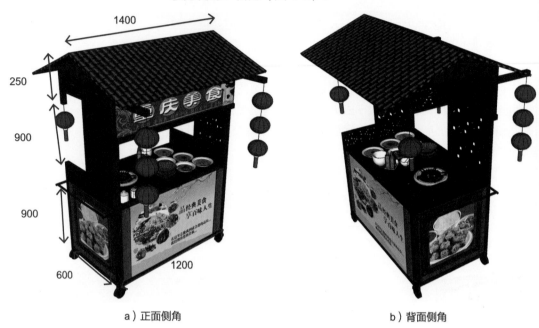

a）正面侧角   b）背面侧角

图 4-8 中式风格摊车

↑摊车主体构造为不锈钢材质，外部木纹与传统纹理的效果可以用彩色喷绘 KT 板做出来，主要售卖传统小吃，为了突出摊车卖点，大多将其装饰为中式传统风格，红色栅格为 PVC 板雕刻而成，搭配小灯笼，外观造型古色古香。

4.2.2 经营品种

经营品种因人而异，最好售卖已经做好的，不需要花费大量时间制作的小吃，或半成品小吃，只需快速加工就可以销售食用。如凉粉、饮料、凉菜、煎饼、豆花等。

4.2.3 设计要点

手推摊车大多是经营者借助三轮或两轮手推车改建的，存在摊车外观造型十分粗糙的情况。目前，手推摊车有专业的制造商，提供定制化服务，符合国家相关规定。摊主可自行选择造型与样式，也可以列出自己对摊车的需求，让厂商量身定制，使用起来会更加得心应手。

摊车要依靠人力推动，因此宽度不能超过 1000mm，高度一般到人的腰部位置，方便摊主在制作产品时，眼睛能看到整个操作台，手能够触及摊位的每一个地方。同时，这样的宽度方便摊主与消费者进行语言交流（图 4-9、图 4-10）。

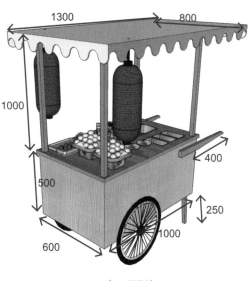

a）正面侧角   b）背面侧角

图 4-9 简易摊车

↑摊车的结构与装饰都十分简单，形体结构较小，以两轮结构为主，移动时用双手抬起手柄前进，注重实用性与经济性。在造型上没有过多的装饰，以照明、遮阳效果为主。摊车上的容器为内凹造型，保证在行进过程中食品、调料不会泼洒，其他餐具与物品可收纳至车身箱体中。车体下部除了车轮外，另外有两个撑杆负责支撑，在行进过程中可以将其折叠收缩，避免行进过程中与地面发生磕碰，推动起来更省力。

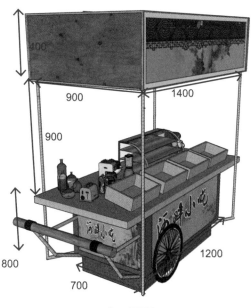

a）正面侧角   b）背面侧角

图 4-10 多功能摊车

↑多功能摊车能够满足经营者对摊车的多种需求，摊车既能够通电，还可以使用其他加热设备。多售卖成品与半成品，餐食的种类多，消费者的选择更多。多功能摊车形体更大，收纳箱的容积更大，可存放车板表面各种容器与餐具，还能放入燃气罐，车身为型钢或不锈钢骨架，自重较大。为了方便推移，可采用三轮结构，两个大轮为主要承重轮，在推车箱体下部还安装有隐藏式导向轮，方便在行进途中转向。由于形体尺寸较大，这类多功能摊车多为 2 ~ 3 人经营，需要合力推行。

4.3 三轮摊车

三轮摊车是手推摊车的升级版，三轮摊车依靠人踩脚踏板驱动前进，类似于自行车造型的移动摊车，比手推车更加省力。三轮摊车行驶距离较远，一般为 3km 以内。三轮摊车的轮子比手推摊车的要大，这样才能行驶更远。

4.3.1 前置式摊车

前置式摊车的餐车箱体在前，驱动轮在后，经营者脚踩三轮车推动餐车前进。由于餐车箱体位于前方，所以摊车的高度不能太高，否则会影响骑行视线。餐车的造型与装饰设计不能影响到车把手的转向角度（图 4-11）。

前置式摊车的舒适度与操控性都不及后置式摊车，甚至不如自行车，因此摆摊位置不宜距离出发点太远，要控制好骑行距离。

摆摊时可将摊车的三面或四面全部放下来，前后左右的板材都可以成为摊位的延伸，可以有效扩大摊位面积。

1. 摊车材质

摊车多采用木质胶合板、PVC 板、镀锌钢板搭配不锈钢骨架，这些材质较轻便，方便短途运输。在设计时采用箱子或盒子的基本形态，左右两边可以作为摊位的延伸，经营者正前方为加料区与打包区，中间层为操作台，下层可以作为食材储备区。此外，售卖需要加热或高温烹饪的食物的摊车，在设计时要注意耐高温、防火。

2. 经营种类

适合卖一些已经处理好的食物，或经过简易烹饪即可食用的简餐，如小糕点、关东煮、麻辣烫、煎包等。

4.3.2 后置式摊车

后置式摊车的餐车箱体在后，导向轮在前，经营者骑车到指定地点后，开始摆摊、招呼买卖。可以根据售卖的食物进行装饰设计。如果售卖的食物属于传统小吃，可以为餐车加入复古、质朴、怀旧的设计。如果售卖的食物属于潮流小吃，可以利用软装打造出清新脱俗、悠闲自然的感觉（图 4-12）。

餐车与三轮车之间要控制好重量，如果餐车自重过大，骑行过程会十分费力，不易控制方向。在售卖的过程中，还要时刻担心摊车前后会失去平衡，出现溜车现象，属于不安全因素。因此要设计加装驻车制动装置。

如果条件允许，可以选购成品摊车，尤其是选用电动助力或燃油助力的后置式摊车，行动能力更强，活动范围更大。

1. 摊车材质

后置式摊车多采用不锈钢、铝合金材质，同时根据经营餐饮的品种，在摊车外部包裹饰面材质，如用仿制木纹打造自然清新的形象。摊车要接受日晒雨淋，需要做好防锈措施。

2. 经营种类

适合售卖手抓饼、烧烤、传统小吃、甜品饼干等，室外温度较高时，要考虑食材的新鲜度，预留出位置，用保温箱存储食材。

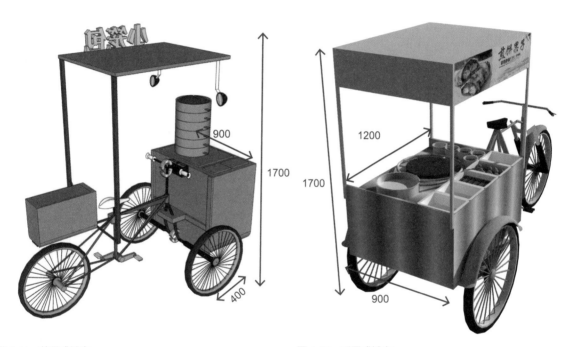

图 4-11　前置式摊车

↑骑行时，餐车在前，经营者面对着餐车骑行，因此三轮车的把手与餐车很近，经营者在骑行中推着餐车向前走，通过反光镜来观察后方车辆情况。

图 4-12　后置式摊车

↑后置式餐车的餐车在后，座椅在前，经营者前方的视野较好，但在骑行过程中不易观察后方餐车的状态，如掉落食物或餐具等，需要做好防护措施。

★补充要点★

多功能小吃摊车

多功能小吃摊车对经营的小吃品种没有限定，可以根据各地饮食习惯来选择经营品种，主要功能包括加热、储藏、调味、打包等，集蒸煮、快炒、烧烤、油炸、涮烫、铁板烧等功能于一体，方便灵活。炉体采用二次进风、热循环、储热辐射等结构，以天然气、液化石油气为燃料，燃烧充分、无烟无飞灰。

炉体采用储热保温设计，热量不散发到炉体外部，经营者不用忍受烟熏火燎，操作起来加简单方便、轻松灵活。烤制食品时不用反复翻转，减轻了劳动强度，烤制食品受热均匀，烤制速度更快，出品率更高。

4.4 电动摊车

与前两种摊车相比，电动摊车更加高级，在移动运输上，电力取代了人力，极大方便了经营者。电动摊车最早起源于国外，经营者开到哪里就可以卖到哪里，或者消费者招手即停，买卖地点不固定。摊车造型精美，外观别致，十分引人注目。目前，在一二线城市，由于交通管制，这一类摊车上路具有风险。所以，这一类型的摊车多固定在某一商业场所，以良好的外观形象吸引消费者前来消费。

4.4.1 摊车材质

电动摊车通常是厢型车与小货车改装而来，造型饱满，十分受消费者欢迎。目前十分常见的有帆布型、双侧掀型，满足基本的经营需求。如果摊车要上路，在造型设计上，装饰品、招牌、广告牌要易于拆卸，营业完毕后可直接收入车中。同时，还要符合改装车上路行驶的相关法规。

4.4.2 经营种类

由于电动摊车空间大，易于移动，各种餐点都可以经营，轻食、三明治、咖啡、饮料、冷饮、中式小吃、汉堡皆可。值得注意的是，在制作食物的过程中产生的油烟、废气等，需要经过处理才能排放，同时要妥善处理废弃物，保持良好的经营环境。

4.4.3 设计要点

目前，电动摊车可以找具有改装资质的厂家进行改装。经营者要将自己对摊车的需求告知摊车改装厂家，双方就要求与图纸进行面对面的交流，讨论改装方案的可实施性（图4-13 ～图4-18）。

电动摊车在改装前必须明确使用需求，一旦制作完工，再次改装将要花费更多时间和资金，如果经营时间紧迫，还会影响预期营业时间。

从投资的角度来看，电动摊车的投资金额远远高于其他类型的摊车，普通推车的制作成本一般控制在1万元以内，而一般电动摊车的价格为4万～6万元，若有特殊设计还需要重新计算成本。因此，这一类型的摊车制作成本较高，对前期资金投入要求高。一辆电动摊车的价格不亚于租下一家20 ～ 40m^{2}的店铺，并且电动摊车后期还存在车辆保养、发电设备等固定开销。经营者在选择这一经营方式时，需提前做好相应准备，如所在城市是否允许电动摊车上路，是否可以无固定地点经营等。

图 4-13　三轮电动摊车

↑摊车的造型十分新颖、精美，摊车内的设施十分齐全，各种操作设备应有尽有。采用固定式台面设计，在夏季与冬季，摊车的制冷与保暖效果较好，摊车的营业环境较为舒适。

图 4-14　四轮开敞电动摊车

↑摊车外部使用招贴饰面装饰车身，上翻式的车厢侧板，翻起时可以遮蔽风雨、阳光，而下翻式的侧板相当于临时收银台，摆上一排椅子，这里也可以成为临时的餐台。将部分车身改造为全透明设计，方便接待消费者。

图 4-15　四轮封闭电动摊车

↑摊车采用固定车窗，在非经营时间，摊车无须离开经营地点，能长期停放，具有一定防盗、储存功能，适用于商业中心指定地点。

图 4-16　拖拽式电动摊车

↑拖拽式摊车由其他机动车牵引到指定经营地点，放下支撑架后，机动车自行离开。拖拽式摊车需要使用外接电源，要求经营地能提供电源与水源，排水可以回收至车体自带的排水箱中，这种摊车适用于长期经营。

图 4-17　对接式电动摊车

↑对接式电动摊车有自行机动的能力，但是在经营时需要对接固定建筑物或构筑物，如公园中的固定房屋，由建筑统一供电供水，甚至需要通过建筑内排水管道排水，适用于长期经营。这种形式要比固定建筑更吸引消费者的目光。

a）外观

图 4-18　国标新能源电动摊车

↑国标新能源电动车能正常上路行驶，满足交通安全各种技术指标，到达经营地点后开窗经营，自带经营水电，可以外接电源与给排水。

b）内部

↑内部设备齐全，多适用于溢价率较高的外卖餐饮品种，如高档品牌冰淇淋、咖啡、点心等，内部设备多为电气化制冷储藏设备。

★补充要点★

集装箱小吃摊

（1）B-BOX 美食街　B-BOX 美食街是由 8 个集装箱搭建而成，8 种特色小吃分别分散在 8 个集装箱内，它不仅是一条美食云集的风味小吃街，更是美食消费者的聚集地。美食街店铺均以黑色集装箱为载体，整体统一性极强（图 4-19）。

a）建成外景　　　　　　　　　　　　　　　　　　b）场景展示

图 4-19　B-BOX 美食街

↑集装箱的空间适中，适合大多数外卖小吃摊经营。用集装箱的构造与形式，将工业设计风引入商业街区，形成独特的视觉效果。除了集装箱外，还搭配外卖餐车等多种小吃销售媒介，丰富销售氛围。

（2）Color Box 美食街　Color Box 美食街区是以集装箱为主体搭建而成的美食街区，总共运用了 88 个集装箱，建筑面积达到 5000m²，从地、山、星、田、湖、花、林中提取出红、黄、蓝、绿、湖蓝、紫、橙七个颜色，将其赋予建筑，组成一个色彩缤纷的建筑群（图 4-20）。与此同时，该项目用的都是二手回收集装箱，变废为宝，绿色环保，有创意又有意义。

a）建成外景　　　　　　　　　　　　　　　　　　b）搭建内景

图 4-20　Color Box 美食街

↑对集装箱进行深度改造需要用钢结构形成辅助支撑，重新设计型钢结构建筑框架，在基础框架中填入集装箱，每个集装箱的容积是相同的，要打破这种均衡，对箱体进行切割改造。合并部分箱体，分隔部分箱体，彼此间打乱构成形式，纵横交错排列布局，形成全新的建筑构造。

第 5 章

色彩与软装设计

学习难度：★★★★★

重点概念：装饰品、色彩属性、搭配原则、
　　　　　　主题餐厅

章节导读：软装设计是餐饮店设计的重点，随着"轻装修，重装饰"的浪潮来袭，消费者对餐厅的装饰效果十分关注，而色彩与软装饰品是肉眼可见的装饰成果。在餐饮店设计中，如何处理色彩与软装之间的关系，需要设计师因地制宜、发挥创造性思维。

5.1 色彩的基本属性

5.1.1 色相与色相环

色相是指红、橙、黄、绿、青、蓝、紫等各种颜色的相貌称谓。色相是色彩的首要特征，是区别不同色彩的准确标准。除了黑、白、灰之外，任何颜色都有色相的属性。色相由原色、间色和复色构成。

色相环是一种圆形排列的色相光谱，色彩按照光谱在自然中出现的顺序排列：红、橙红、黄橙、橙、黄、黄绿、绿、绿蓝、蓝绿、蓝、蓝紫、紫。暖色位于红色和黄色之间，冷色位于蓝绿色和紫色之间。互补色出现在彼此相对的位置上，如红与绿、蓝与橙、黄与紫就是三对典型的互补色。

常见的色相环分为 12 色色相环与 24 色色相环（图 5-1、图 5-2）。

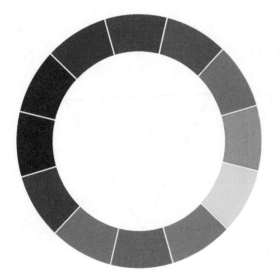

图 5-1 12 色色相环
↑ 12 色色相环的识别度很高，包含大多数人能快速识别的色彩，餐饮店设计中常选择这些色彩为主色调，能快速建立色彩倾向。

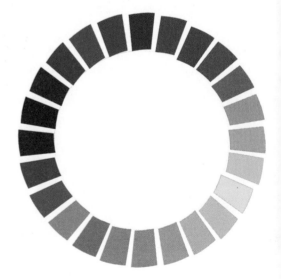

图 5-2 24 色色相环
↑ 24 色相环是在 12 色色相环的基础上拓展来的，包含的色彩更丰富，细分之后色彩之间的对比较弱，但是能细化消费者对餐饮店的色彩感受。

色彩可以分为有彩色和无彩色。无彩色就是黑、白以及不同程度的灰。无彩色可与任一颜色搭配（图 5-3）。

图 5-3 无彩色
↑无彩色是对有彩色的必要补充，也可以作为主题色，但是要搭配必要的有彩色，否则环境会显得沉闷。

5.1.2 色相对比

色相环上任意两种颜色或多种颜色并置一起时，能比较出颜色之间的差异，这种现象称为色相对比。根据色相对比的强弱可将颜色分为以下几种：

1）同一色：两种颜色在色相环上的距离为 0°。

2）邻近色：两种颜色在色相环上的距离为 15°～30°。

3）类似色：两种颜色在色相环上的距离为 60° 以内。

4）中差色：两种颜色在色相环上的距离为 90° 以内。

5）对比色：两种颜色在色相环上的距离为 120° 以内。

6）补色：两种颜色在色相环上的距离为 180° 以内。

任何色相都可以组成同类、邻近、对比、互补的色相对比。

5.1.3 明度

色彩明度是指色彩的亮度或明度，色彩的明度变化有三种情况：

1）不同色相之间的明度变化，在没有调配过的原色中，黄色的明度最高，蓝色的明度最低。

2）在同一颜色中，加入白色则明度升高，加入黑色则明度降低，同时这种颜色的纯度会降低。

3）相同颜色会因光线照射强度的变化而产生明暗的变化。

在无彩色中，白色明度最高，黑色明度最低。在有彩色中，黄色明度最高，蓝紫色明度最低。亮度具有较强的对比性，明暗关系只有在对比中才能显现出来（图 5-4）。

图 5-4 餐厅明度设计

↓明度差较小的色彩搭配在一起，可以塑造出优雅、自然的空间氛围，使人感到温馨、舒适。明度差较大的色彩搭配在一起，则会营造出活泼、明快的空间氛围。在进行餐饮店设计时，应结合餐饮店售卖的食品，选择合适的色彩明度。

a）高明度色彩　　　　　　　　　　　　b）低明度色彩

高明度的色彩让人感到活泼、轻快，低明度的色彩则会给人沉稳、厚重的感觉，人眼对明度的对比最敏感，明度对比对视觉影响也最大、最基本。将不同明度的两个颜色放在一起时，就会产生明的更明、暗的更暗的现象。

5.1.4　纯度

不同的色相不仅明度不同，纯度也不相同，越鲜艳的颜色纯度越高。纯度的高低是指色相明确或模糊的程度。高纯度颜色加入无彩色，无论是提高明度还是降低明度，都会降低色彩的纯度。

高纯度的色彩会给人活泼、鲜艳之感；低纯度的色彩会有素雅、宁静之感。但纯度低的颜色非常容易出现灰、脏的效果。

5.1.5　冷色、暖色与无彩色

在餐饮店的色彩选配过程中，用色相分类来建立色彩印象是比较困难的，可以选用冷色和暖色区分，用冷色或暖色作为基调，很容易把握整体环境氛围。冷色中能选用的色彩品种较少，色彩之间的视觉差异较弱，容易让人感到单调。大多数餐饮店为了提高自身辨识度，会选用暖色，适当搭配无彩色调节不同区域的视觉对比效果。

设计师可以围绕餐厅主题，以某颜色为基色调，调节色彩的明度、纯度，将其灵活应用到多样化的界面中。可以将基色调的对比色用到关键家具、界面上，也可以将强调色中的色彩作为点缀色，巧妙应用到软装陈设中，与其他色彩相呼应，彰显空间特色。

★补充要点★

降低色彩纯度的方法

（1）**加入无黑、白、灰**　纯色混合白色可以降低其纯度，提高其明度，同时色彩会变冷。各色混合白色以后会产生色相偏差，色彩感觉更加柔和、轻盈、明亮。纯色混合黑色，会既降低其纯度，又降低其明度，同时色彩会变暖。各色加黑色以后，会失去原来的光亮感，变得沉稳、安定、深沉。加入中性灰色，则会使得色相变得浑浊，相同明度的纯色与灰色相混后，可以得到不同纯度的灰色色彩，较为低调、柔和。

（2）**加入这种颜色的补色**　加入互补色等于加入深灰色，因为三原色混合能得到深灰色，而一种色彩增加它的补色，其补色正是其他两种原色相混所得的间色，因此也就等于三原色相加。

（3）**加入其他色**　往一个纯色中加入其他任何有彩色，都会使原本的纯度、明度、色相发生变化。同时，混入有彩色后，原有色彩的色相也发生变化。

5.1.6 餐饮店色彩设计原则

1）先确定餐饮店总体的色彩基调，再对餐饮店不同区域选择局部色调。

2）色彩关系应当根据"大调和、小对比"的原则来处理，即增加色彩之间的调和，减小不同色彩之间的对比，最终形成统一的色彩效果。

3）室内环境的色彩必须充分考虑自然条件，色相宜简不宜繁，纯度宜淡不宜浓，明度宜明不宜暗，主要色彩不宜超过三种。

4）在缺少自然采光的包间内，可以采用明亮的暖色，带来明亮的温暖气氛，能增加亲切感，但是搭配的灯光不能全是暖色，应当将白光与暖白光搭配使用。

5）在阳光充足的地区和炎热的地方，可多用淡雅的冷色相，但是要避免冷色过于单调，可以选用白色作为边缘装饰，形成一定对比。

6）在门面招牌、接待区、卫生间、电梯间可使用高明度色彩，能获得光彩夺目、干净卫生的清新感。就餐区和包间可使用纯度较低的各种淡色调，能营造安静、柔和、舒适的空间气氛。

7）在咖啡厅、酒吧、西餐厅等可使用低明度色彩和较暗的灯光来装饰，让消费者相对忽略食物，将主要精力集中在语言交流中，营造温馨的情调和高雅的气氛。还可以摆放一些绿色植物，绿色植物不仅起到净化空气的作用，还有很好的装饰效果（图5-5）。

8）在快餐厅、小食店等餐饮店中，使用纯度较高和较鲜艳的色彩，营造一种轻松、活泼、自由的气氛，能吸引更多消费者的注意力（图5-6）。

图 5-5 酒吧色彩设计

↑酒吧需要营造出神秘、昏暗的环境，一般会选用明度低的家具或较暗的灯光，因此尽量以低明度色彩为主，减少明度高与过于鲜亮的色彩。

图 5-6 小食店色彩设计

↑街边的小食店一旦失去了特点，便会变得默默无闻，因此，在色彩设计上要大胆，使用鲜艳的色彩能让消费者第一时间发现餐饮店，这种方法十分有效。

5.2 餐饮店色彩搭配原则

5.2.1 不同功能区对色彩的要求

不同的餐饮店有不同的功能分区，如雅座区、散座区、吧台区、收银台等，这些区域都有它们各自的功能。

不同功能区对色彩设计的要求也是不同的，餐饮店可以用色彩中的冷暖度来表现各功能分区的氛围。雅座区以中性色为主，如弱纯度的暖色搭配黑、白，既有对比，又能给人雅致的感觉。散座区的色彩要符合大众审美，以暖色为主，红色、黄色、橙色的比例关系要协调好，适当搭配灰色来降低高纯度色彩倾向。吧台区色彩选择范围广，不局限于色彩品种，但是要根据设计主题来选择主导色彩，强化色彩的对比。收银台与操作台都适用于洁净的色彩倾向，多搭配白色与银灰色（图 5-7 ~图 5-10 ）。

图 5-7 雅座区
↑雅座区的一般接待人数在 6 人以上，色彩搭配要在一定程度上满足共性审美。

图 5-8 散座区
↑散座区在设计风格上保持一致，桌椅颜色应当选择近似色，但又具有一定变化。

图 5-9 吧台区
↑餐饮店需要将吧台区突出，吧台作为整个空间的核心位置，在色彩与灯光上都要有所不同。根据餐饮店的主题内容来选择色彩，多以休闲、娱乐的大众审美为主。

图 5-10 收银台与操作台
↑当收银台与操作台连在一起时，干净、整洁的颜色会给收银台设计加分，反之过于亮眼的色彩会扰乱消费者的视线。

5.2.2 把握色彩情感

　　色彩是人通过视觉器官来感受的，色彩也能够影响人的情绪。色彩可以表达人的喜怒哀乐，不同的人看不同的色彩也会有不同的心理感受。

　　在餐饮店设计中，色彩常具有振奋或安抚人心的作用，亲子餐厅中常用粉色与蓝色，这两种色彩能满足所有孩子的审美，两种颜色搭配形成冷暖对比，能给消费者带来提神的效果（图 5-11）。用灰色调搭配能营造出与众不同的空间效果，也能影响消费者的情感。质朴自然的色彩主要为棕色、褐色，但是这两种颜色比较沉闷，都属于低明度、低纯度色彩。可以在餐厅中增加不同层次的灰色、黑色来强化对比，同时强调金属、玻璃的反射质感，形成古朴、严谨的色彩对比效果（图 5-12）。

a）粉色与蓝色

b）蓝色、白色与米黄

图 5-11 欢快活泼的色彩设计

↑亲子餐厅在设计时会考虑到小孩子对色彩的敏锐捕捉力，整个空间的色彩偏向于可爱、趣味、丰富。在粉色与蓝色的对比下，大胆运用红、黄、蓝三种色彩，在视觉上刺激儿童的脑部发育，锻炼儿童对事物的认知能力。

a）棕色与灰色

b）深灰与浅灰

图 5-12 质朴自然的色彩设计

↑轻食店旨在打造健康、美味的饮食店面，摒弃绚丽的色彩，大量使用原木色、黑色等低纯度色彩，墙面只进行了简单的粉饰，保留了原有的质感，同时依靠照明设计来烘托整个餐饮店的氛围。

5.2.3 统一整体色彩搭配

餐饮店的色彩搭配要符合店内功能需求，运用好色彩在主题餐厅中的搭配，恰当处理色彩之间的关系，在统一中有变化，在变化中求统一。餐饮店既要有主色调，也要有辅助色，这就相当于绿叶给红花当陪衬，总体效果才能美观。以暖色搭配为例，橙色、红色是主导色，但是需要灰色、蓝色、绿色来衬托，这些衬托色要与橙色、红色调性统一，色彩纯度就要降低，最终形成和谐的色彩搭配效果（图5-13）。

餐饮店的主色调在空间设计中起到主导作用，辅助色对空间的氛围能起到陪衬、烘托的作用，以冷色搭配为例，蓝色、绿色是主导色，但是色彩会显得单调，这时就需要搭配白色、黑色来形成明度对比（图5-14）。

主题餐饮店中整体色调统一，给消费者的感觉也更整体。空间整体色彩要有统一性，就必须让大面积空间的色彩统一，如吊顶、地板、墙面、主体家具等大面积空间色彩保持统一。

a）配色与主色对比

b）整体协调

图5-13 暖色调餐饮店

↑整个色调以橙色为主，部分家具、顶棚、灯具、桌面等采用同色系色彩，以墙面、地面的色彩为辅助色，衬托出主色调。

a）绿色与蓝色搭配

b）白色辅助

图5-14 冷色调餐饮店

↑以蓝色、绿色为主色调，白色为辅助色，整个空间呈现出清新、自然的热带风情。

★补充要点★

餐饮店色彩设计技巧

（1）地面装饰材料 地面装饰材料最好选择防滑瓷砖或实木复合地板，颜色不要太淡，否则很容易弄脏，以深灰色、灰色搭配为主（图5-15）。

（2）确定主色调 餐饮店主色调尽量为暖色调，最适合的颜色是黄色或橙色，不仅能营造出温馨的氛围，还能刺激食欲，其他搭配可以根据季节变化，如在炎热的夏天，可以添加一些凉爽的颜色，如浅蓝色或浅绿色（图5-16）。

图 5-15 地面装饰材料

↑灰色地面砖是常见的餐饮店地面铺装材料，完全用单一的灰色会让人感到乏味无力，可以选用两种不同层次的灰色形成对比，两色之间采用弧线分隔造型。

图 5-16 主色调选择

↑主色调并不是指某一种颜色，在大多数情况下是指多种颜色，这些色彩具有共性，如暗调色中的土红、棕绿、深蓝三种颜色组合，表现出复古效果。

（3）注入餐饮色彩理念 在设计中要向消费者传递餐饮文化、风味特色、娱乐交际等正能量。提倡适度消费，将消费观念融入色彩设计，将资源再生等理念注入到设计里（图5-17）。

（4）走道色彩设计 为了尽量方便消费者，动线色彩应当统一设计，避免消费者动线与服务员动线发生冲突，多选用中性色，提升色彩的各种对比，如加入不锈钢、铝合金、玻璃等高反射材料，让通道中具有明确色相的色彩更加突出，并有强烈的反射效果，提醒消费者与服务员在行走过程中注意方向（图5-18）。

图 5-17 资源再生设计

↑运用旧木板与旧瓷砖表现出古朴的效果，再通过白色、红色、黑色提升对比。

图 5-18 走道色彩设计

↑整个色调以灰色为主，部分家具色彩在灰色环境与灯光照明中显得比较突出。

5.3 餐饮店软装空间

餐饮店主要由营业区、生产区、管理办公区组成，软装设计主要集中在营业区，包含就餐区、前厅、走道等空间。

5.3.1 大厅与门厅

大厅与门厅一般合称为前厅，标准较高的餐饮店都设有大厅，大厅的功能是引导消费者由此进入不同就餐区，主要起疏导与集散人流的作用。大厅也为消费者餐饮前后等候、存衣取物、休息、购买等活动提供了必要的空间场所（图 5-19）。

5.3.2 走道

走道是供消费者通往各餐厅的水平空间，常设小型过厅，承担水平与垂直方向的交通。具有特色的餐厅会将走道部分设计得比较有个性，摆放一些休息用的座椅或与主题相符的摆件、装饰画等，特色的灯饰也是不可缺少的装饰（图 5-20）。

图 5-19 门厅设计
↑单纯的红色与绿色会比较突兀，但是注入纹理后就比较协调，门厅内侧的人形剪影也是软装设计的一部分。

图 5-20 走道设计
↑餐具与隔断上的不锈钢球形成高强度反射，这种呼应是软装与硬装的融合，重点在于体现餐具的精致感。

5.3.3 就餐区

就餐区主要用于就餐，包括大厅、包间等，主要陈设包括餐桌、餐椅、灯饰、布艺、装饰画、花艺、绿植、摆件等（图 5-21）。

图 5-21 就餐区设计
→在就餐区内，使用布艺、墙饰、灯具装饰，为就餐环境营造良好的氛围。同时，选择质地细腻、体感舒适的沙发或座椅，能够提升餐厅的档次。

5.4 餐饮店软装陈设

5.4.1 家具陈设

餐饮店的主要家具有餐桌、餐椅、卡座、沙发、吧凳、吧桌、转盘、餐柜、酒柜、婴儿椅等，根据店的类型可分为：中餐厅家具、西餐厅家具、咖啡厅家具、茶艺馆家具、快餐厅家具、饭店桌椅等。

餐饮店软装陈设具有数量多、占地面积大等特征。家具的造型和色彩对确定餐厅的基调起着很大的作用，因此，家具风格要尽量统一，要与整个室内装饰协调。软装陈设的搭配要预先统计，将市场上能够购买到的产品搜集到位，建立素材库，然后在库中挑选，挑选的依据依次是色彩、风格、材质、价格。在多数情况下，前面三项都符合时，价格却很高，这时就需要进行进一步筛选，选择10%的高档品，30%的中档品，60%的普通品（图5-22）。

图 5-22 简约餐厅的搭配

↑暖灰色系的搭配会让人充满安全感与舒适感，高饱和度的黄色会增加就餐者的食欲。因此，采用黄色的座椅、桌布、装饰摆件，增加咖啡色的地垫，与灰色的窗帘、原木餐桌形成良好的呼应。

5.4.2　织物搭配

餐饮店的软装织物主要有地毯、桌布、窗帘、墙布、壁挂等。

1. 地毯

地毯不仅能增加餐饮店的装饰效果，提高规格和档次，还具有很多使用价值（图5-23），地毯主要有五大实用好处。

（1）吸声减燥　地毯能够吸收室内回声噪声，减少声音通过地面、墙壁反射和传播，创造安静的就餐环境。

（2）保温导热　地毯具有平衡室内温度的作用。冬季地毯能阻隔地面渗透出来的凉意，增加室内的暖意和舒适性；夏季开空调时，地毯的保温和阻隔功能，会让室内的低温不易通过地面向外流失。

（3）减震舒适　踩在松软而富于弹性的地毯上，会感到放松、舒适，能减少疲劳，不会出现硬质地面与鞋底频频碰击而产生的震颤。

（4）安全防滑　在地毯上行走，不易滑倒，地毯的柔软弹性会大大减少由于跌倒而受伤的可能，尤其对于老人和儿童，能起到安全保护的作用。

（5）洁净防尘　地毯的毯面为密集的绒头结构，从空中下落的尘埃会被地毯绒头吸附，防止尘埃飞逸，相对降低了空气中的含尘量，无论再怎么踩踏，灰尘都不容易飞起来。

餐饮店地毯也存在不耐污染的缺点，但基本不考虑清洗，多为更换，因此餐饮店地毯多为化纤地毯，价格低，更换成本低。

a）区域铺装

b）局部铺装

图 5-23　地毯

↑一些高档餐饮店，为了改善消费者的用户体验，会在区域或局部铺装地毯，给予客户良好的就餐体验，还能增加消费时间，从而增加消费额。

2. 桌布

餐桌是餐饮店的主要家具，装点餐桌需要搭配餐桌布，餐桌布花色品种各式各样（表 5-1）。为餐桌挑选桌布要视场合而定。正式的宴会厅，要选择质感较好、垂坠感强、色彩较为素雅的桌布，显得大方。白色提花桌布雅致低调，包容性强，让精致的餐具成为餐桌上的主角。色彩与图案较活泼的印花桌布适用于随意一些的聚餐场合，如家庭聚餐，或在有家庭氛围的主题包间里举行的小聚会。几何纹路的桌布搭配造型趣拙的餐具组和衬木底的水杯，显得天然质朴。

表 5-1　桌布分类

类型	特点	图例
棉质桌布	棉质的桌布具有超强吸水性和柔软度，手感比较好，十分百搭，棉质的桌布质地柔软，易打理	
PVC 桌布	PVC 桌布十分常见，带有棉衬底的 PVC 桌布是目前质量最好的实木餐桌桌布，优点是柔软、易折叠、颜色多样、花型多样、易搭配、易打理，使用寿命也比较久	
绸缎桌布	绸缎质地非常光滑，色泽好，带给人良好的视觉效果和触感；绸缎材质的桌布一般用于简欧风格、美式风格，显得高端、大气、上档次	
棉麻桌布	棉麻是一种不错的面料，质感相当好，非常耐磨耐用，这种面料环保健康	

3. 窗帘

　　与桌布相配的窗帘不仅能给餐饮店增添柔和、温馨、浪漫的氛围，还具有采光柔和、透气通风的特性，它可调节消费者的心情，给人一种若隐若现的朦胧感。窗帘的面料有涤丝、仿真丝、麻或混纺织物等，根据其工艺可分为印花、绣花、提花等（图 5-24）。

a）欧式帷幔窗帘

b）简约亚麻窗帘

图 5-24　窗帘

↑不同设计风格的餐厅，选择的窗帘会有所不同。欧式帷幔窗帘遮光性好，适用于装修复杂的小型宴会厅。半透光亚麻窗帘适用于现代简约风格的餐厅。

4. 墙布

　　墙布又称壁布，是裱糊墙面的织物。以棉布为底布，在底布上施以印花、轧纹浮雕或是大提花织物。所用纹样多为几何图形和花卉图案（图 5-25）。多功能墙布具有阻燃、隔热、保温、吸声、隔声、抗菌、防霉等功能。

a）图案卷纹

b）竖向弧纹

图 5-25　墙布

↑墙布多用于餐饮店内某一面或某两面墙的铺装，一般不对所有墙面铺装，这样在材质、肌理、色彩上都能形成一定对比，丰富视觉效果。

5. 壁挂

壁挂是指在墙壁上挂置的装饰性织物，包括毛织壁挂、印染壁挂、刺绣壁挂、棉织壁挂等（图 5-26）。

现代壁挂艺术，以各种纤维为原料，用传统的手工编织、刺绣、染色技术，表达现代设计观念和思想情感。内容丰富、风格独特的现代壁挂作品，不仅烘托出人与建筑环境的和谐氛围，显示了扣人心弦的艺术魅力，还以极富自然气息的肌理质感和手工情调，唤起人对自然的深厚情感，从而消除了室内因为大量使用硬质材料制品所形成的单调感、冷漠感。

a）编织壁挂　　　　　　　　　b）刺绣壁挂

图 5-26　壁挂

↑编织壁挂适用于主题餐饮店或包间中，主题多为地域传统纹样，多选用一件作为主体装饰。刺绣壁挂以圆形扇面为主，可以组合挂置。

★补充要点★

装饰画

装饰画具有方便更换、安装简洁等特点，被广泛运用到餐饮店软装中，装饰画的风格要根据装修风格和主体家具风格而定，同一环境的画风应当一致，不能有较大冲突，否则会让人感到杂乱和不适（图 5-27、图 5-28）。

图 5-27　简约装饰画

↑简约装饰画适用于简约风格的餐饮店，配套现代风格家具，装饰画色彩与硬装色彩相呼应。

图 5-28　现代欧式装饰画

↑现代欧式风格所搭配的软装陈设品很丰富，是当前餐饮店软装设计的主流，但是装饰画的价格较高。

5.4.3 艺术品摆设

风格古朴的餐饮店一般会用铜饰、石雕、古董、陶瓷和古旧家具；传统中式餐饮店会用青铜器、漆艺、彩陶、画像砖、书画；主题风味餐饮店可选用具有浓郁地方特色的装饰品（图5-29）。

图5-29 艺术品摆设
→台面摆设是典型的艺术品，一般没有什么功能性用途，因此摆放在相对安全的边角处。桌面摆设能收纳餐具，选用塑料材质的产品即可。

a）台面　　　　　　　　　　　b）桌面

5.4.4 灯饰配置

餐饮店灯饰能起到突出重点、划分空间、调整气氛等作用。照明方式可分为直接照明、间接照明、散光照明等，如今专业的餐饮照明满足了大多数餐厅的需求，灯光照射在食物上，让食物看起来令人更有食欲（图5-30）。

a）草帽吊灯　　　　　　　　　　　b）铃铛吊灯

图5-30 灯饰配置
↑草帽吊灯的造型具有生态、复古的情怀，灯光聚集感强，适用于现代风格的餐饮店，营造一丝生态感。铃铛吊灯的透光孔较小，有局部眩光的效果，营造出独特的环境氛围。

5.4.5 花艺与装饰

绿化是餐饮店设计中经常采用的装饰材料，几乎所有的餐饮店都有绿化的装扮。

餐饮店设计为了表达某个主题，或是增加室内气氛，经常在一些不影响营业的边角设计室内景观，如等候区的角落、走廊的尽头等。花艺的形式多种多样，有可用来点缀空白的盆栽，有用于限定空间的绿化带，有用于串联上下空间的高大乔木，还有装饰桌面的各类花卉等（图 5-31）。

无论是色彩还是形态，绿化装饰都应以丰富餐饮店的视觉效果为出发点。餐饮店的植物应当选择没有浓郁香味的品种，浓郁的香气会影响人的食欲，放在就餐区的更是如此。因此，采用没有气味的绿植来装饰，效果更好（图 5-32）。

a）角落装饰

b）桌面装饰

图 5-31 花艺装饰
↑采用局部盆栽与小型花艺装饰，还可以搭配印有绿植的壁纸，在视觉上形成良好呼应，降低了绿植成本。

a）就餐区与展台

b）就餐区

图 5-32 绿植装饰
↑色彩丰富的餐饮店适合用绿植装饰空间，装饰效果优于花艺装饰，减少了空间里色彩的碰撞。绿植集中上墙摆放，搭配过渡渐变的墙体造型，具有明显的层次感。

5.5 不同类型餐饮店软装设计

餐饮店可以分为高级宴会餐厅、主题餐厅、快餐厅、西餐厅、小型综合型餐厅等，此外还包括咖啡厅、茶吧等，不同类型的餐饮店会有不同的餐厅风格，所以软装的款式、色彩及质地也应有所不同。

5.5.1 高级宴会厅软装设计

高级宴会厅通常比较正规，主要用于宴会、会议、婚礼等。根据承办用途的不同，室内软装设计的布置也不同。如果用于宴会和会议，则比较正式（图 5-33）。

无论是中式还是西式，都应该根据宴会的具体风格确定软装的款式与主体色彩，再选择家具款式、材质，接着搭配花艺与各种装饰。如果承办婚宴，氛围应当比较浪漫，可选择白色、粉色、紫色的软装饰品，花艺、气球是烘托气氛的重要饰品，应着重设计。

5.5.2 快餐店软装设计

快餐店的氛围是吸引消费者的重要条件，氛围主要通过软装设计来塑造，恰当的软装布置能在无形中促进销售，从而提高店面的市场竞争力。

快餐店软装设计要体现出"快"，主要表现在消费者快速点餐，就餐完毕即走，具有局促感，促使客人迅速流动，以提高营业额度。因此，软装设计与其他餐饮空间不同，宜选择简洁明快、较为活泼的色彩，搭配明亮的光线。桌椅等家具设施在色彩上也应当如此，还可以搭配一些绿植、装饰画来缓和一下氛围。桌椅选材应宜清洁，座位应当灵活可移动，软装饰品以挂置在吊顶上的广告吊旗、墙面装饰画为主（图 5-34）。

图 5-33 高级宴会厅软装设计
↑深色在视觉上更为高端，可选用深紫色与金色相结合，搭配花艺点缀，效果惊艳。

图 5-34 快餐店软装设计
↑快餐店的软装设计要能够引导消费，并强化品牌，广告吊旗、墙面装饰画是不错的软装饰品。

5.5.3　主题餐厅软装设计

主题餐厅是以某一种主题作为设计理念而设计的餐厅，如 Hello Kitty 主题餐厅、海盗船主题餐厅、愤怒的小鸟主题餐厅、世界杯足球主题餐厅以及近年来非常流行的民俗主题餐厅等，这些都是主题餐厅（图 5-35 ～图 5-38）。

主题餐厅软装设计的目的非常明确，围绕着主题进行布置即可，例如，海盗船主题餐厅设计，可用蓝色系装饰，桌椅可采用古船木等具有沧桑感的材料，还可以直接将包间设计成船舱的形式，而灯具、装饰、花艺等也都要围绕着这一主题，再辅以船锚、船桨、麻绳鱼等装饰挂件挂在墙上。

主题餐厅的设计元素很多，在设计中要注意筛选，同时要注意避免与其他商业空间相雷同，所运用的软装陈设品以现场制作为主，如果直接购买同等体量的玩具成品，价格会很高，影响整体装修造价。

图 5-35　Hello Kitty 主题餐厅
↑ Hello Kitty 一直是全球知名的时尚主题，主体是一个粉嫩、可爱的卡通形象，较受年轻女性消费者的青睐。

图 5-36　海盗船主题餐厅
↑ 在设计中加入帆船、海景画、救生圈等元素，将消费者引入特定的情景中就餐，具有强烈的体验感。

图 5-37　愤怒的小鸟主题餐厅
↑ 将愤怒的小鸟的形象以巨幅贴纸的形式展现在玻璃上，引起过往消费者的注意力。

图 5-38　世界杯足球主题餐厅
↑ 迎合国际赛事热点，将世界杯足球元素装点在餐厅中，营造餐厅氛围，还可以同步播放足球赛，吸引球迷消费。

5.5.4 小型综合餐饮店软装设计

目前，一些商场、写字楼里开始出现一些小型综合餐饮店，可以用餐，也可以在下午茶时间享用咖啡或茶水。这些餐饮店将收银台和吧台结合起来，再摆放几张吧椅，空间氛围十分休闲（图 5-39）。

小型综合餐饮店的软装可以搭配一些符合主题氛围的吊灯、装饰画，不需要过于复杂，注重舒适、休闲即可。色彩搭配与快餐店类似，追求欢快，以暖色为主，可以提高消费者的用餐兴趣，具有温馨感，能促进人们之间相互交谈。

随着 24 小时便利店的快速发展，便利店也在发挥自身优势，开始提供简餐，成为综合的商业门店。在店中开辟出一片单独的就餐区域，或在吧台位置摆上一排高脚凳，也可成为临时就餐的位置，由于都是成品简餐，只需店员加热即可，这种快食形式火速打开了市场。在软装设计上，采用轻快的色彩，流畅的线条，更多软装陈设品为店内海报招贴、消费赠品等（图 5-40）。

图 5-39 luckin coffee 咖啡店设计
↑暖色调的灯光给人温馨舒适的感觉，将品牌图案"鹿"设计为隔断墙，显得十分俏皮可爱。

图 5-40 Today 便利店设计
↑流畅的线条与明快的色彩，桌椅选择了简洁的款式，与整体风格十分吻合。

小型综合餐饮店应先根据整体风格确定软装的总体基调，然后再针对不同区域设定局部软装色调。

桌椅布置以卡座为主，少量搭配一些四人就餐的桌椅，这样能够满足不同消费者的需求，饮下午茶与商务交谈的消费者不会对其他人产生影响，同时能够保证私密性。

第6章
餐饮店照明设计

学习难度：★★★★☆

重点概念：照明方式、照明技巧、
分区照明设计、发展趋势

章节导读：为了营造良好的就餐氛围，照明设计是不可忽视的，简单的光线变换就能使餐饮店焕发生机。白天，自然采光是店内的主要光源，日光与天空光散发的色彩能增强食物的诱人感，但也需要一定的遮阳措施。夜晚，人工照明可绚丽多彩，也可温馨舒适，带来不同的就餐体验。在设计中要融合自然采光与人工照明，衬托出餐饮店的品位与食物的色泽。

6.1 照明设计基本概述

6.1.1 照明电压

常见电源有 220V 和 380V 两类，其中 220V 电源主要是生活用电与商业用电，是人工照明的常见电压；380V 电源为三相供电，主要用于生产或为高功率设备供电。

不同的照明灯具因其功率不同，所产生的电压与电流也不同，常用照明电压为 220V，以及由 220V 或 380V 转换而成的 12V 电压，常见照明的功率、电流值如表 6-1 所示。

表 6-1 常用照明的功率、电流

照明功率 /W	电流 /A	
	电压为 12V	电压为 220V
100	<5	<0.6
100 ~ 200	5.4 ~ 11	0.6 ~ 1.2
300 ~ 400	16 ~ 22	1.8 ~ 2.4
最佳值	500 ~ 600	3 ~ 3.6
	700 ~ 800	4.2 ~ 4.8
	900 ~ 1000	5.4 ~ 6
2000	—	12
3000	—	18
4000	—	24

注："—"表示电流过高，无相关灯具产品。

图 6-1 LED 灯
↓ LED 灯的灯光穿透力较强，适用于夜间高强度照明。

LED 灯工作时温度在 78℃以下，能够露天承受日晒雨淋，也能在水中工作，色彩绚丽，且 LED 灯的使用寿命较长，投入成本较低，是一种比较经济的照明灯具（图 6-1）。

a）店面轮廓修饰

b）广告牌照明

照明灯具的电压基本都在 220V 之内，包括常见的吊灯、台灯、壁灯、吸顶灯、射灯、筒灯，在使用时都要考虑到安全性，电压一定要控制好。

LED 灯在工作时会产生热量，需要增加散热器或散热片，同时需要降低电压，因此目前在餐饮店中使用的 LED 灯均为 12V 供电，需要在 220V 电路上安装变压器，将 220V 交流电转变成 12V 直流电，用于灯具局部单元照明。这样就能降低灯具的发热量，同时延长灯具的使用寿命，一个单元的灯具损坏时，不影响其他灯具使用（图 6-2、图 6-3）。目前 LED 灯普遍存在的缺陷是使用 3 ~ 5 年后会有照度衰减，又称为光衰，需要根据实际情况更换。

图 6-2　餐厅吊灯

↑ 装饰造型的吊灯，输入电压为 220V，灯具自带变压器，照明功率为 40W，照射面积为 3 ~ 5m²/件，主要适用于内空较低的餐饮店就餐区空间的上方。

图 6-3　店面灯箱

↑ 室外灯具线路与电源要注意密封防水防尘，多安装在密封灯箱中，输入电压为 220V，灯具集中安装变压器，功率在 60 ~ 80W 之间，照射面积在 5m² 左右。

★补充要点★

照明设计原则

（1）**安全**　灯光照明设计要安全可靠，由于照明来自电源，必须采取严格的防触电、防断路等安全措施，以避免意外事故的发生。

（2）**功能**　灯光照明设计必须符合功能要求，根据不同空间、场合、对象来选择相应的照明方式和灯具，并保证恰当的照度和亮度。

（3）**美观**　灯光照明装饰美化环境是创造艺术气氛的重要手段，可以对空间进行装饰，达到增加空间层次，渲染环境气氛的效果，因此装饰灯具十分重要。在现代餐饮店设计中，灯光照明已成为建筑室内外空间的一部分。不仅要保证照明的作用，还十分讲究其造型、材料、色彩、比例、尺度，灯具已成为餐饮店设计不可缺少的装饰品。

（4）**经济**　灯光照明并不一定以多为好，以强取胜，关键是科学合理的布局。灯光照明设计是为了满足消费者视觉和审美的需要，最大限度地体现餐饮店空间的实用性与欣赏价值，并达到使用功能和审美功能的统一。华而不实的灯饰非但不能锦上添花，反而会造成电力消耗、能源浪费和经济上的损失，甚至还会造成光环境污染，有损消费者健康。

6.1.2 照明电路

1. 分支设计

分支设计是对电路中的照明灯具进行分配,避免在一个回路上承载过多的灯具,导致电路过载,造成使用安全问题,主要要求如下。

1)餐饮店照明线路:常用电线截面、电线长度以每一单相回路电流不超过 15A 为宜。

2)照明分支线长度:380V 三相四线制线路,一般不超过 100m;单相 220V 线路,一般不超过 60m。

3)如果安装高强气体放电灯或高功率特种照明,每一单相回路不超过 30A。这类灯具启动时间长,启动电流大,在选择开关、保护电器以及电线时要进行计算校验。

4)每一单相回路上的灯头和插座总数不超过 25 个,装饰花灯、彩灯、多分支灯具除外,插座为单独回路供电。

5)将应急照明作为正常照明的一部分同时使用时,应有单独的控制开关,应急照明的电源应能自动投入应急使用。

6)各配电箱和线路上的负荷分配应力求均衡。

7)按照电气设计规范,各分支回路上的灯具插座不能接大功率电器,如空调、取暖器、电热水器等,这些设备应设置单独的回路,不能与照明分支回路混合使用。

2. 供电回路

照明供电回路设计,应当根据具体情况具体安排,根据以上原则考虑安全、成本等要求,进行综合设计。需要注意的是,对于普通照明配电来说,照明的分支回路中不得采用三相低压断路器对三个单相分支回路进行控制和保护,当所需的插座为单独回路时,每一个回路的插座数量都不宜超过 25 个,而用于计算机电源的插座数量一般不宜超过 5 个。

在照明系统中,每一个单相分支回路电流都不应该超过 16A,且灯具数量也不应超过 25 个。应当将照明配电控制柜中的分支回路控制在 200 个以内,注意要配备好备用支路。

此外,餐厅主要照明电路中,用于就餐区的灯带需要设计为单独回路,不能与其他灯具的回路混合在一起,灯带的分支回路的连接线方式一般是隔灯连线,这种分支回路的连接方式也会比较好控制,同时能在白天节省电能,间隔开启。

照明电路设计好之后,如果有需要修改的,则应该在施工实施之前,考虑好回路变更再修改,这样方便后期增加新的灯具。如果是大型商业空间的餐饮店,照明设计回路还可以设置得更多些,满足后期经营变更的需求。

6.1.3　照明组成

照明电路主要包括电能表、空气开关、开关、电线（包括火线和零线）等。

1. 电能表

电能表主要用来测量电路消耗了多少电能，计量每单位消耗的电能值，也就是度或千瓦时，常见的电能表有感应式机械电度表和电子式电能表。

电能表安装在餐饮店电路的上游，直接连接餐饮店供电主线路，电能表安装在入户电箱内，如今商业用电的电能表多为插卡用电或网络充值用电，电能表上的数值均可以在手机 App 上查看（图 6-4）。

2. 空气开关

空气开关是断路器的一种，如果电路中电流超过额定电流，它就会自动断开，空气开关安装在电能表的线路下游，一般有独立配电箱，或与电能表共用配电箱。

额定电流标识在空气开关表面，可以根据需要来选择。如面积 200m² 的餐饮店，总空气开关可选用 C200，即最大承载电流为 200A，在此空气开关下游继续安装照明分支空气开关，可选用 C60，即最大承载电流为 60A，能满足店内所有照明灯具正常使用（图 6-5）。

3. 开关

开关是控制灯具开启与关闭的装置，主要分为普通开关与遥控开关（图 6-6、图 6-7）。普通开关安装在空气开关的电路下游，一般位于餐饮店出入口、开门或区域分界处的墙面上，安装高度为 1350mm。普通开关能控制单个或组合照明灯具的使用，分为

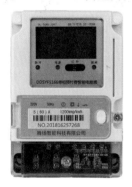

图 6-4　电子式电能表
↑电子式电能表启动电流小，频率影响范围较宽，且比较便于安装和使用，也是目前使用范围最广的电能表。

图 6-5　空气开关
↑空气开关具备控制和多种保护功能，可对电气设备短路事故进行防护。

图 6-6　普通开关
↑普通开关要选择防火的材料，在购买时选择高品牌材料，质量有保障。

图 6-7　遥控开关
↑遥控开关适用于面积较大的餐厅，能远距离控制灯具开关，降低装修布线成本，同时提高餐饮店运营效率。

一开、二开、三开、四开、调节开关等多种，单一开关控制的电流最大不超过 10A。遥控开关主要构件安装在灯具的供电线末端，控制电路中的火线闭合，另外配置遥控器。使用者手持遥控器能在 50m 以内控制灯具开关，适用于面积较大的宴会厅、大厅等空间，能提高管理效率。

4. 电线

照明用的电线线径多为 $1.5mm^2$，这种规格的电线能最大限度地降低能耗。单回路电线上的照明灯具的最大功率不超过 1980W，为了安全稳定，通常要低于 1500W，如果有多件高功率灯具，应当设计多个回路，除了火线、零线外，还要搭配地线，防止金属外壳的高功率灯具有漏电的可能（图 6-8）。电线应当穿管布设，穿线管中的总截面积应该小于管内净面积的 40%。穿管敷设的绝缘电线的绝缘电压等级也要大于 500V，管内电线最多只能穿 8 根。

末端 12V 低压供电照明线路，通常采用线径不低于 $0.5mm^2$ 的电线，这时应当选用专用接头对接安装（图 6-9）。

图 6-8 电线
↑布线时要根据绝缘皮的颜色分清火线、零线和地线，火线为红色，零线为蓝色，地线为黄绿色，在单相电路中，还可以选用黄色电线作为信号线或备用线。

图 6-9 电线接头的线端子
↑电线配线时要尽量减少接头，接头采用成品线端子连接，如果工艺不良会使接触电阻太大，造成电线发热量过大而引起火灾，采用的成品接线端子不能有任何松动。

6.1.4 照明电路实施流程

照明线路的设计应该根据整个空间结构、具体照明灯具位置、其他用电设备位置进行综合考虑。设计时要充分考虑到不同回路负载的承受能力，不能超出负荷，以免引起短路，造成火灾事故。

照明电路设计流程依次为：整体规划、定位画线、开槽布管、导线敷设四个环节。在进行电气设计时，要明确线路应该布置在墙内，在墙上应该提前预留好足够的插座。此外由于单相用电设备的使用是经常变化的，所以不要两个单相支路共用一根零线（图 6-10）。

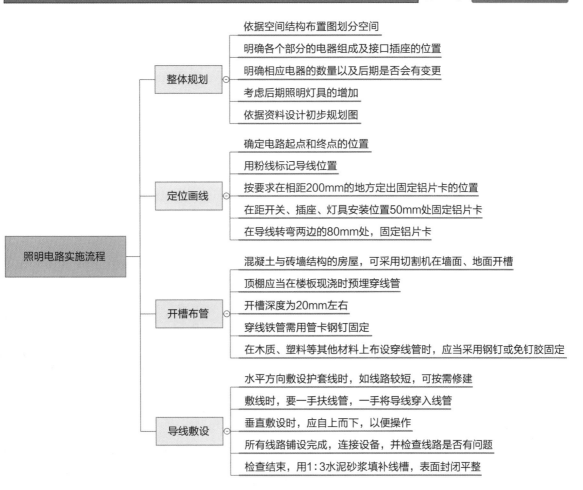

图 6-10　照明电路实施流程

↑面向插座的左侧接零线（N），右侧接相线（L），中间上方应接保护地线（PE）。一般插座用直径 20mm 穿线管，而照明采用直径 16mm 穿线管，管线长度超过 15m 或有两个直角弯时，要增设拉线盒。吊顶上的灯具位要设置拉线盒固定，暗盒、拉线盒要与 PVC 管固定。穿入配管电线的接头设在接线盒内时，线头要留有余量 150mm。

★ 补充要点 ★

照明设计要点

　　照明设计要满足功能需求，使视觉舒适并达到营造餐饮店气氛的效果。如何将灯具安装在空间内最适合的位置，然后再搭配各式各样的照明形式，共同营造出均衡、符合使用者需求的空间照明，应注意以下几个问题：

　　1）是否充分利用自然光？

　　2）是否采用合理的线路布置？

　　3）是否选择了适合的灯光功率与颜色？

　　4）是否与被照明面积相符合？

　　5）是否能表现出软装陈设品的质感？

　　6）是否具有节能环保的理念？

6.2 餐饮店照明方式

6.2.1 直接照明

　　光线从灯具射出，其中90%～100%到达照射面上，这种照明方式为直接照明。直接照明具有强烈的明暗对比，能在空间中营造出有趣生动的光影效果，可以突出餐桌在整个环境中的主导地位，但是亮度较高，应防止产生眩光。可选用射灯、筒灯、吸顶灯、带镜面反射罩的集中照明灯具等，其优点是能形成对比明显的局部照明，只需小功率灯泡即可达到照明要求（图6-11）。

　　半直接照明是将半透明材料制成的灯罩罩在光源上部，60%～90%的光线集中射向照射面，10%～40%的光线经半透明灯罩扩散而向上漫射，光线比较柔和。半直接照明常用于净空较低的餐饮包间。漫射光线能照亮平顶，使空间顶部高度感增加，因而能产生较高的空间感（图6-12、图6-13）。

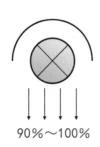

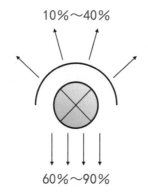

图 6-11　直接照明
↑直接照明是指90%～100%的光线到达照射面上，光照强度高，照明效果好，目前使用直接照明的店面较多。

图 6-12　半直接照明
↑半直接照明是指60%～90%的光线射向照射面，10%～40%光线经半透明灯罩扩散而向上漫射，光照强度高，具有一定的装饰效果，灯具造型变化大。

图 6-13　餐饮店直接照明的应用
↑半直接照明适用于对采光要求高，同时兼顾休闲娱乐效果和营造轻松氛围的餐饮店，或用于具有会议洽谈功能的餐饮包间。

　　直接照明相对于间接照明而言，照明方式比较简单，使用的灯具有射灯、筒灯等。直接照明的灯光会直接投射到餐桌桌面上，不会对室内空间其他部位产生照明效果，因此一般不会单独使用，需要配合半直接照明或间接照明灯具进行设计，而且不是每种类型的餐饮店都适合使用直接照明。

6.2.2　间接照明

　　间接照明是将光源遮蔽，使其产生间接光线，这种照明方式通常有两种设计方法：一种是将不透明灯罩装在灯具下部，光线射向平顶或其他物体上，反射成间接光线；另一种是将灯具设在灯槽内，光线从平顶反射到室内，形成间接光线。

　　半间接照明与半直接照明完全相反，是将半透明灯罩装在光源下部，这种方式能产生比较朦胧的照明效果，使较低矮的房间有增高的感觉，也适用于小空间，如门厅、走道等。

　　间接照明与半间接照明在餐饮店中主要作为辅助照明使用，补充直接照明的灯光不足，让室内空间的照明显得更均衡且富有层次感（图6-14 ～图6-16）。

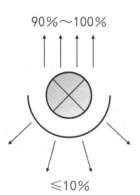

图 6-14　间接照明
↑ 间接照明是指 90 % ～ 100 % 的光线通过顶棚反射，10 % 以下的光线则直接照射照射面，光照较弱，具有较强的装饰效果，照明的整体性好，灯具造型变化大。

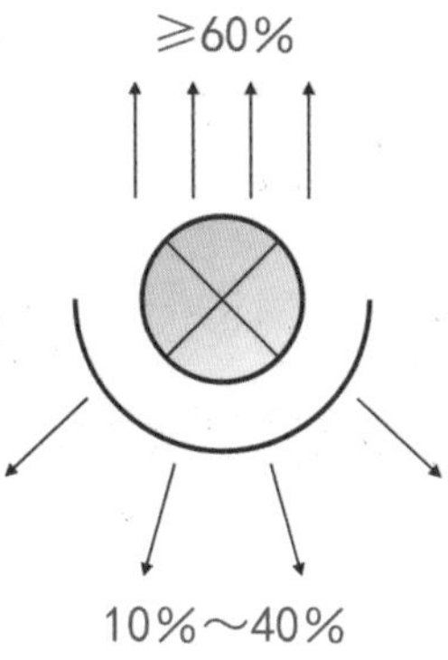

图 6-15　半间接照明
↑ 半间接照明是指 60 % 以上的光线射向顶棚，10 % ～ 40 % 部分光线经灯罩向下扩散，光照较弱。

图 6-16　餐饮店间接照明应用
↑ 目前大多数吊灯都会采用半间接照明的方式，光源分布比较均匀，室内顶棚无投影，餐饮店整体空间也会显得更加透亮。

　　间接照明又称为反射照明，指灯具或光源不是直接将光线投向被照射物，而是通过墙壁、镜面、地板反射光线达到的照明效果，是将自然光转变成温和扩散光的照明方式。

　　间接照明是一种新颖的照明方式，它通过提升照明设计的综合效果，使餐饮店空间显现出各种气氛和情调，并与室内环境的形、色融为一体，丰富艺术效果。但是间接照明在创造细腻环境的同时，也会造成能源浪费。因为间接照明是运用反射光线来达到照明效果，电能消耗较大，所以在照明设计中要与其他照明方式结合使用，这样才能达到理想的照度要求，因此间接照明多用于辅助直接照明。

6.2.3 漫射照明

　　漫射照明是利用灯具的折射功能来控制眩光，40%～60%的光线直接投射在被照明物体上，其余的光线经漫射后再照射到被照射面上，光线向四周扩散漫散，这种光线均匀柔和。漫射照明主要有两种形式，一种是光源从灯罩上口射出，经平顶反射，两侧从半透明灯罩扩散，下部从格栅扩散。另一种是用半透明灯罩将光源全部封闭而产生漫射，这类照明光线柔和，视觉感受舒适（图6-17、图6-18）。

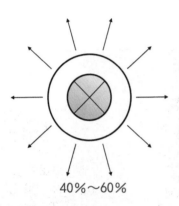

40%～60%

图 6-17　漫射照明
↑漫射照明具有良好的光影效果，散发出柔和的光线，形成良好的视觉效果。

图 6-18　餐饮店漫射照明应用
↑合适的光源可使装饰材料的质感更为突出，使空间的层次更为丰富。漫射照明的光效更加柔和，光线经过多次反射投射到桌面上时，会非常均匀，具有细腻且梦幻的视觉效果，适用于典雅的餐饮环境。

　　合适的照明方式能使色彩倾向与色彩情感发生变化，适宜的光源能对整个空间环境的色彩起到重要影响。直接照明与半直接照明都属于直接照明，适用于对采光强度要求较高的快餐店，灯具造型相对简单。间接照明、半间接照明和漫射照明都属于间接照明，适用于采光要求多样丰富的中高档西餐厅。

★补充要点★

照明布置细节

　　（1）**测量地面至顶棚的高度**　选择灯具时，除风格统一外，还需要考虑顶棚的高度与使用空间的面积，以免灯具对空间产生压迫感。

　　（2）**灯具配置**　不同空间所需要的灯具数量会有所不同，每个空间的照明要求不同，例如就餐区的灯具使用率最高，灯具安装后最低部位的高度应不小于2500mm，餐饮包间使用吸顶灯或半吊灯，灯的高度不宜低于2300mm，以免使人产生紧张感。

　　（3）**使用频率**　要根据人流量和使用频次来设置灯具，使用频率高的灯具应分开设置开关，人少时段可以关闭部分灯具，降低使用能耗。

6.3　餐饮店照明设计技巧

6.3.1　私密餐饮店

私密餐饮店主要有西餐厅、酒吧、咖啡厅等，消费者注重的是体验感，一般具有小资情调的消费者，对环境的要求是最高的。在照明选择上，应该采用柔和低调的空间调性，整体照度应当偏低，采用较有特色的装饰造型作为视觉中心，对其进行照明，但需要非常精细的照度控制和光线分布。

1. 西餐厅

西餐厅的基础照明往往比较暗，这样保证消费者进行私密交谈，采用的灯光照明方式也多种多样，具体视设计情况而定（图 6-19）。

由于西餐厅室内装饰材料品种丰富，如桌面的材料、椅子表面的材料以及地板（毯）的材料等。但是在同样照度的条件下，各种材料表面的反射比是不同的，其亮度也随之不同，表面的亮度会影响整体空间的光环境效果。

如果材料表面的反射比低，照度就要相应高一些，如果材料表面反射比较高，则反之。需要注意的是，顶棚、墙面、桌面、地板间的照度，一定要有区别，否则视觉上会感觉单调。顶棚的照度要弱，顶棚管道与线路不能被直接照明。墙面照度要集中在装饰造型或装饰挂画上，不能将灯光投射到墙角处。桌面的照度，有时不一定要拘泥于可调角度射灯的照明形式，也可以采用烛光创造朦胧、静谧的气氛，使环境更具遐想空间。地面照度主要集中在走道上，为消费者和服务员指明行进方向，或将灯光投射到两种地面材料的交接处和台阶上，表明地面是否存在高差变化。

a）传统风格西餐厅

b）现代风格西餐厅

图 6-19　西餐厅照明

↑传统风格西餐厅的灯光照明不宜过亮，以全局照明为主，整体空间照度均衡，在同一空间内，灯具均匀分配，光色以暖黄色为主。

↑现代风格西餐厅的灯光照明主要集中在桌面上，消费者在就餐时能专注于食物，而不用在意其他人的就餐表情和神态，符合现代消费者保持个性与隐私的餐饮习惯。

2. 酒吧

酒吧的照明设计需重视环境氛围，良好的氛围能吸引消费者的目光。要强调设计氛围，设计时就要注意结合酒吧的设计主题，并将光影与酒吧内的家具巧妙结合。酒吧照明设计既包括视觉环境的营造，也包括心理环境的营造。

酒吧照明多以局部直接照明为主，特别要注意避免眩光，酒吧所需的光源种类较多，在设计时要将灯光的实用功能、美学功能、精神功能有机融合在一起（图 6-20）。灯光在照明的同时，自身的形态也要具有美感。可以设计多种光色的灯具，分方向同时投射到不同界面上，形成令人眼花缭乱的光环境，让消费者进入一个具有梦幻意境的空间中，使环境能配适消费者的心理需求，使其获得舒适的感受（图 6-21）。

a）局部直接照明　　　　　　　　　　　　b）局部间接照明

图 6-20　酒吧照明设计

↑酒吧照明设计多采用混合照明，在整个空间中设有高亮度的主体照明，同时结合局部间接照明，为不同功能区创造出极度具有观赏性的环境氛围。例如，酒吧座席区采用直接照明照亮桌面与沙发座面，局部间接照明用于走道。

a）包间　　　　　　　　　　　　　　　b）卡座与吧台

图 6-21　酒吧氛围营造

↑包间运用小吊灯营造柔和的环境氛围，卡座与吧台可以用蜡烛灯来增加空间的层次感，突出局部的氛围感。

3. 咖啡厅

咖啡厅的灯光要能够吸引消费者的目光，引导消费者进店消费，同时要体现店内风格特色和咖啡品质特征。此外，由于色彩本身具有振奋和安抚人心的作用，咖啡厅可以利用色彩原理，选择和周边环境成对比的灯光，以此激发消费者的好奇心，或采用柔和的暖光，营造浓郁的温馨感。但是咖啡厅的整体灯光不宜过强，避免打破宁静、优雅的环境氛围（图 6-22）。

| a）局部均匀照明 | b）局部集中照明 |

图 6-22　咖啡厅照明设计

↑咖啡厅内的照明需能营造一种轻松、恬静的气氛，灯光的运用要合理，要分区选择照度，且基本照明要能满足服务员与消费者能正常行走。局部均匀照明能营造出整体优雅的氛围，局部集中照明能让消费者有更多选择，让消费者根据自己的喜好入座不同照明强度的座位。

咖啡厅还需为消费者营造一种私密感，照明要依据功能分区将照度划分成不同的梯度，并依据需要选择合适的照度。例如，就餐区和饮品展示区的照度可以相对较高，等候区的灯光则可相对较低。灯具安装高度和间距要考虑空间层高和咖啡厅整体面积（图 6-23）。

| a）强化吧台台面照明 | b）强化桌面照明 |

图 6-23　咖啡厅氛围营造

↑吧台台面与桌面是消费者品用咖啡的重点区域，加强照明能呈现出产品特色与服务重点。

6.3.2　快消餐饮店

1. 快餐店

快速消费餐饮店主要为学校餐厅、自助餐厅、快餐店等，如麦当劳、肯德基，前来就餐的消费者都在追求方便快捷的服务，为了加快消费流程，整个空间的调性应当欢快明亮，一般采用简练而现代化的照明形式，多采用高照度和高均匀度的布光方式来体现经济与效率（图6-24）。

a）餐桌与灯具对应　　　　　　　　　　　　　　　b）整体照明效果

图6-24　快餐店照明

↑快餐店的桌面正上方对应照明灯具，采用直接照明方式来强化营业区与就餐区，对墙面与地面进行整体照明，灯光照度饱和，视觉效果鲜明，符合消费者的心理需求。

不管是何种餐饮店，食物的"色"都是不能忽视的，这要求照射食物的光源显色性足够好，一般会采用重点照明的方式对食物进行照亮，增加消费者就餐的食欲。对于餐饮照明来说，合理的照度水平以及照度分布，光源的显色性、照明控制、建筑化照明都是非常重要的（图6-25）。

a）店面招牌　　　　　　　　　　　　　　　　　b）店内灯光

图6-25　老乡鸡快餐店

↑店面照明采用透光灯箱，光线具有穿透力，识别度高，灯光效果简洁明快。店内灯光布局均衡，照明通透，照度高，讲究实用与功能相结合，能吸引更多消费者进店消费。

2. 奶茶店

奶茶店是近几年较为火爆的餐饮新行业，街头小巷充斥着大大小小的奶茶店，尤其是在商业街，各有特色的奶茶店比比皆是，当下正是快速消费餐饮店的红利期。

奶茶店的照明设计应当简洁明快，明亮的光线能够刺激人的大脑，刺激店员快速制作产品，帮助消费者在短时间内做出购买决策（图6-26）。

a）一点点奶茶店

b）茶颜悦色奶茶店

图 6-26　奶茶店

↑奶茶店以饮料为主，购买后直接打包带走，无须座位设计，实现了快速购买、买完就走的快速交易。灯光照明强调局部效果，将灯光集中在工作区、收银台和店面招牌上，其他部位弱化处理即可。

3. 甜品站

甜品站具有固定的营业场地，主要开设在餐饮店、商业街等经营场所内。产品一般直接销售或经简单加工制作后销售，主要产品为餐饮主店配送的冰淇淋、饮料、甜品等。灯光设计上，需要用灯光突出甜品的色泽，例如，设置高纯度光色的广告灯箱，刺激消费者产生购买意向（图6-27）。

a）室内甜品站

b）室外甜品站

图 6-27　甜品站

↑室内甜品站通过局部透光灯箱与立体发光字来标明主题，室外甜品站多用整体透光灯箱与落地玻璃门窗投射灯光，起到夜间照明效果。

6.4 餐饮店照明设计趋势

6.4.1 结构简单且精细

现代餐饮店照明设计所采用的灯具造型越来越简单，且做工精细、色彩明快，灯具多倾向于简约的造型（图 6-28）。大多数消费者喜欢结构简单的传统灯饰，因此，灯具选择时应更注重造型的简洁美观，与店内装饰风格和谐统一。

a）商品照明   b）座位照明

图 6-28 精致的照明设计

↑外观简洁的灯具，注重灯具的质感效果，在视觉上给人精致、巧妙的感觉。酒的包装标签是照明的重点，集中灯光照射到酒柜上，突出标签上的图文信息。座位照明的灯光主要集中在桌面上，可适当增加墙面灯光，形成间接照明效果。

6.4.2 美观实用有个性

不同人对照明的需求是不同的，个性化照明设计受到越来越多的人的追捧，餐饮店设计需要将家具、建筑构件与灯具相结合，在家具、构件中融合灯具照明，让灯光从室内构造中散发出来，提升空间的简洁感（图 6-29）。

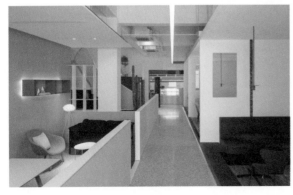

a）走道   b）等候区

图 6-29 芸茶饮品店个性化照明设计

↑灯具照明兼具线条感与造型感，能赋予空间足够的亮度，打造个性化视觉效果。灯带的亮度不高，但是大面积使用，能让顶棚与墙角形成照明呼应，搭配墙面对比色彩，形成梦幻的视觉效果。

6.4.3 环保节能有造型

现代设计离不开环保节能的主题，具有节能功能的灯具会得到更多运用，灯具的亮度越高，所消耗的电能就越高，在设计中应当通过大量的反射、折射设计来扩大灯具的照射范围（图 6-30）。

a）灯具造型   b）灯具与墙面

图 6-30 节能化照明设计
↑ 单体灯具发光形态单一，照射面积有限，通过多个井格木质构架，将单一的灯光扩展为团状，通过扩大光源的反射面来增加灯具的照射面积，具有节能效果。

6.4.4 光色协调有变化

现代餐饮店室内照明设计，已由过去的单光源效果过渡到追求多光源的效果。多光源设计能满足大多数消费者对灯光的需求。主光源为室内空间提供全局照明，不同类型的特色灯具能丰富空间照明的层次。多光源配合能使餐饮店空间照明色彩丰富且有变化，营造出舒适的空间氛围（图 6-31）。

a）前台正面   b）前台侧面

图 6-31 多光源照明设计
↑ 注重光色的选择，用光营造情调和氛围，满足人们心理上和精神上的追求。前台区域采用吊灯、筒灯、射灯多元化照明，充分提升前台的光亮度与质感，让光色相互补充，富有变化。

★补充要点★

餐饮店设计新趋势

以往快餐店的照明色彩都是以鲜艳的黄色、红色为主，十分显眼。消费者看到这些色彩，更容易被吸引前去消费，并点很多餐品。然而时间久了，过于亮眼的色彩会让人感觉烦躁，几次消费后就不再想去，即使是消费了也会马上离开。

如今很多餐饮店的灯光照明与色彩搭配开始变得深暗，尤其是品牌店与重新装修的升级店。高亮度照明所带来的强对比效果会给消费者便宜廉价的印象，而低调的灯光与深暗的色彩在视觉上给消费者高端、优雅的印象。其实这些变化都来源于中低端餐饮店的升级改造，原来灯光昏暗的低端快餐店如今都变得灯光夺目，希望吸引更多消费者聚集，因此高端餐饮店开始重回深暗。但是这种"回归"不再是简单的减少灯光，而是将原来集中照明的顶部筒灯、射灯转换为线型灯带，由集中的点光源转换为分散的线光源，同时搭配深暗的墙面色彩，形成典雅的风格效果（图 6-32、图 6-33）。

a）店面照明

b）店内照明

图 6-32 肯德基餐厅

↑在设计中融入了工业风，黑色的框架在设计上富有层次感。舒适的卡座取代了原本硬邦邦的木质座椅，改善了消费者的就餐体验。灯光照明以线型灯带为主，搭配局部射灯，强化桌面照明，营造雅致的就餐空间。

a）灯笼照明

b）招牌照明

图 6-33 局部灯光照明

↑悬挂在室内的灯笼发光度较低，但是组合之后形态多样，搭配广告文字具有不错的品牌推广效果。

↑传统小吃要突显特色，不适合采用透光灯箱与发光字，可以雕刻凸凹立体字，在强侧光照明下表现出立体感。

第7章

餐饮店开店知识

学习难度：★★★☆☆

重点概念：投资、计划、市场调查、
店面选址、经营模式

章节导读：开一家餐饮店，前期准备工作必不可少，本章会梳理餐饮店开店思路，帮助读者找到管理店面的有效方法。从开店准备工作，到设备、材料采买，都需要投资者亲力亲为，对整个开店的流程、准备工作有详细的把控。本章节将对开店的前期投资、选址、管理、经营进行详细讲解。

7.1 制定投资计划

7.1.1 市场调查

在计划投资餐饮店时，市场调查是必不可少的环节。开店前的市场调查要对消费者状况、餐饮业发展、城市消费环境三方面进行重点调查。在具体实施时，可根据餐饮店的规模、市场定位来考虑投资计划。

1. 消费者状况

餐饮店需要人气，店内产品要以消费者购买为前提，因此，要调查区域内的人口结构、家庭户数、收入水平、消费水平、购买行动等，如果区域内的人口多为年轻人，则餐饮店以新型快餐、风味小吃店为主；如果区域内多为小孩、老年人，则以家常餐厅与早餐店为主，要求实惠与安全。

（1）人口结构　对消费者状况进行调查，统计人口结构、行业状况、教育程度、消费年龄等数据。

（2）家庭户数　统计市场家庭户数、家庭人数、成员状况等数据，了解人员变化趋势。

（3）收入水平　根据当前市场收入水平，了解消费者餐饮消费的可能性与额度，并与其他地区相比较。

（4）消费水平　了解主流家庭的消费状况，并根据消费内容了解各种商品的支出额，作为确定餐饮消费额的重要参考。

（5）购买行动　调查消费者的购买愿望，了解消费者购物活动的范围及选择商品的标准与习惯。

2. 餐饮业发展

对当地餐饮业发展状况进行调查，深入了解餐饮店的行业特征与发展趋势。

（1）地域发展　对地域内的餐饮店营业面积、店员数、营业额、装修档次、消费对象等数据进行调查，了解餐饮店在该地区的销售状态与发展趋势。尤其是人口流入、人口流出量会直接影响餐饮店在该地域的生存空间。

（2）餐饮产品发展　对该地区内餐饮产品的构成、内容、消费需求等进行调查，了解产品竞争状况，对新产品的研发、推广，消费者对产品的认知度进行分析。

（3）餐饮店环境发展　大型商业中心的动向对于地区内餐饮店的竞争状况具有一定影响力，要了解大型商业中心的规模、营业额、消费群体。调查大型商业中心内餐饮店的生存环境、配套设施等，以此作为开店时的参考。

3. 城市消费环境

（1）地域状况　对地域与自然环境进行调查，了解商品与消费环境的关系。

（2）交通　调查时要考虑交通路线，往来交通工具的类型、载送量等要素。

（3）繁华地段　如果选择在热闹地段开店，房价与租金较高。应全面考虑如何在投资成本提高的情况下，充分利用地段优势，吸引人们来消费，从而增加营业额（图 7-1、图 7-2）。

（4）配套设施　行政管理、商品流通、其他娱乐设施等，都将成为人口流量集中的因素。例如，可以在繁华的居民区附近开设烧烤店、饮品店（图 7-3）。

（5）城市未来发展计划　交通网开发规划、社区发展规划、商业区建设规划等。例如，在地铁站或交通枢纽附近的商圈一般会快速发展起来，虽然店面的面积小，但是营收却是十分可观（图 7-4）。

图 7-1　商业广场
↑商业广场的地价、租金不菲，但属繁华地段，能带动周边经济快速发展。

图 7-2　商业步行街
↑商业步行街的地价、租金相对较贵，店铺规模较大，交通便捷。

图 7-3　烧烤店
↑烧烤店开在成熟居民区能快速引流，吸引消费者多次光顾。

图 7-4　地铁商圈
↑地铁枢纽商圈多开设时尚快餐店，吸引年轻消费者。

7.1.2 餐饮店选址

餐饮店选址要针对不同投资者的经营目标，进行精确选址定位，餐饮店选址会直接影响到经营业绩。

餐饮店选址时，应考虑经营者理念、财务能力、餐饮店规模、竞争状况、商圈特征等因素。同时，消费者层次、消费者心理等诸多要素的变化都会影响经营业绩。因此，经营餐饮店时必须及时改变商品策略与经营方向。确定一家餐饮店选址必须考虑以下几个因素。

1. 商业环境人口情况

目前，许多大中城市都集中形成了各种功能区，如商业区、大学区、住宅区、旅游区等。在不同的区域内开店，应精确调整餐饮店的定位。定位必须瞄准区域内20%的主力消费者，为这些主力消费者定制餐饮店装修方案。

2. 目标消费者收入情况

想要调查目标消费者的收入情况，除了传统的网络问卷方法外，还可以在现有的餐饮店门前计数，分析、比较不同餐饮店的消费者数量与消费额，由此判定消费者的收入情况。餐饮店规模、档次应当与其环境相适应，在城市各种高档社区和别墅区，可以开设定位较高的店。反之，在经济适用房集中的小区周边开店，店铺的定位就要适当调整，以快餐店、早餐店、小吃店居多（图7-5、图7-6）。

3. 消费意识和品位

不同层次的消费者，消费的意识是不同的。店铺定位要根据主力消费者的特征来确定，可将店内的餐品设定多个价格区间，或将店内空间划分为散客区与包间。

图 7-5　购物商场
↑餐饮店店铺多为连锁品牌或独立品牌，消费者收入水平较高，消费能力高。

图 7-6　小餐馆
↑小餐馆多集中在住宅小区、高校周围，消费者消费次数少，不经常外出就餐。

7.1.3　主题餐饮店定位

主题餐饮店的经营项目一般与消费者的生活、工作环境相关联，过去的经验会与餐饮店主题相契合。新店开业最适合定位主题餐饮店，因为经营主题餐饮店能突破传统餐饮店的竞争格局，可以在开业后一段时间内，靠新鲜感和口碑效应稳定一批固定消费者。但是在开业初期，如果知名度低，仍会导致生意冷清，这是其不足之处。

主题餐饮店应当开设在具有一定数量消费者的大商圈内，否则利润不高，会使店铺难以维持经营。主题餐饮店的理想位置是在大城市市内或近郊的核心商圈中。只要目标消费者集中于某一地域，主题餐饮店就可以开设在那里，也不一定要在市中心黄金地段开店，如专为大学生服务的主题餐饮店，就可以选在大学区附近开店。

1. 餐饮主题

吃饱肚子是生存的第一要素，吃对于人类来说是头等大事。餐饮小吃店的主题设计很多，相比其他类型的餐饮店，具有投资少、操作简单、见效快的特点（图 7-7、图 7-8）。"小型某某"就是最好的设计主题，店内风格与设计元素很容易统一，餐饮特色明显，餐品种类少，容易保证餐品质量，上餐速度快，能在短期内快速打响自己的品牌。

图 7-7　饮品店
↑饮品店的经营方式简单，大多为即买即走，对店面面积要求低。

图 7-8　小吃店
↑小吃店前期投入少，装修主题很容易做到统一，用简单的设计元素突出特色卖点，方便快速吸引消费者。

小吃店员工数量多为 1 ~ 3 人，分工进行制作、收银、打包的工作，小空间里能放下 3 ~ 5 张桌子。店铺适当装修，给人明亮整洁的视觉效果，在装修中突出设计元素，过于大众化的造型不易引起消费者的注意。小吃店的位置可设在车站、闹市区、居民区、商业中心、公园、学校附近。

目前，全国各地都在大力新建各种主题的小吃街或小吃城，例如上海老城隍庙小吃广场，成都宽窄巷子小吃街，都是具有特色的小吃城、小吃街，是聚客的最佳经营场所（图7-9、图7-10）。每家餐饮小吃店重点推出 1 ～ 2 种风味小吃，经营特色明显，才能吸引更多消费者，店面招牌也才会越来越响。

图7-9　上海老城隍庙小吃广场
↑上海老城隍庙小吃广场是上海著名的小吃美食城，城隍庙小吃形成于清末民初，地处上海旧城商业中心，经营各种上海风味小吃，其中每家小吃店供应的品种都不同，店面招牌与设计元素以海派文化与国潮时尚为主。

图7-10　成都宽窄巷子小吃街
↑四川省成都市青羊区长顺街附近的宽窄巷子由宽巷子、窄巷子、井巷子平行排列组成，全为青黛砖瓦的仿古四合院落，是成都遗留下来的较成规模的清代古街道。小吃店设计风格以巴蜀文化为核心，同时注入现代设计元素。

主题小吃店在消费者心中树立产品明确且深受欢迎的形象，最终促使消费者消费。精准的市场定位能使主题小吃店的经营者明确所处的位置、消费者层次与类型，根据需求设计主题，展开餐饮促销活动。总之，主题餐厅经营的成败取决于对市场的研究与分析。

2. 选择适合客源流量

餐饮店进行市场定位时，要根据目标市场与不同层次消费者的需求进行有条件的挑选，厘清不同层次消费者的需求所在，有针对性地投其所好。例如，在办公楼下的餐饮店，要满足"多、快、好、省"的理念，即餐品分量多，上餐速度快，食材质量好，餐品价格省等。由于上班族没有足够的时间仔细品味佳肴，如果店家将餐品做得十分精致，导致加工时间长，大多数人就会选择其他餐饮店。这就是有的店内人流量爆满，而有的店内就餐者寥寥的原因之一。

3. 树立起与众不同的形象

在选择好具体的目标市场之后，应考虑树立什么样的形象来博取消费者的好感与信赖。决策时要从消费者的立场来思考问题，忧消费者之忧、乐消费者之乐。例如，近几年兴起的亲子主题餐厅，就是如此。儿童好动是天性，但一般外出带儿童就餐十分不便，亲子餐厅很好地解决了这一问题。在一个大的场所内，家长可以安心就餐，儿童也能在家长就餐时快乐玩耍（图7-11）。

4. 媒介宣传

主题餐饮店的市场形象一经确定，就可以开始通过各种媒介向目标客源进行宣传。宣传要注重简练、具体，强调特色和消费者能获取的好处，与此同时，挑选合适的媒介也是十分必要的。在选择时既要注意媒介在主题餐饮店的影响力，又要注意节约广告开支。例如，亲子主题餐厅可以开设在核心商圈的餐饮层或培训层，利用商圈内的大型广告牌或通行标识广告进行宣传，但是无须再增加宣传媒介，因为商圈里的特色餐厅的目标消费者不会超过这个商圈。

a）等候区

b）就餐区

图 7-11 亲子主题餐厅

↑在核心商圈中开设亲子主题餐厅，就餐区围绕着儿童游乐区设置，无论坐在餐厅的哪个座位，孩子都是在家长的视线范围内活动的，这让家长能安心吃饭。活动区外部吧台桌椅的设计，方便家长与孩子进行互动。

★补充要点★

主题餐厅设计要点

（1）**定位准确** 餐饮店的设计主题需要设计师根据市场调研、投资分析、经营定位、目标群体、区位选择、菜系特点等要素，与投资方经过充分交流、沟通后才可确定。选择合理的餐饮主题，根据经营定位来确定相应的设计形式与服务形式，充分考虑目标群体的需求特点，扩大受众人群，争取更多消费群体的青睐。

（2）**主题突出** 围绕既定主题设计空间氛围，营造明确的餐饮主题，使消费者能够识别特征并产生消费欲望。体现主题的地方包括产品、服务、色彩、灯光、空间、陈设、服务员着装、背景音乐等。此外，还可以借助一些动态行为或科技手段来强化主题，如海底捞火锅餐厅内的拉面表演等。

（3）**创意广泛** 创意是主题餐饮店的设计灵魂，创意可以将餐饮店变为物质与精神双重消费的场所。餐饮店主题选题广泛，社会风俗、自然历史、文化传统、流行文化、现代科技等都可以作为设计构思的源泉及创作灵感，使空间成为餐饮文化的延伸。选择创意时要参考目标消费群体的特征，根据消费群体的性格、爱好、年龄层次进行精准定位。

7.1.4 估算设备投资

1. 装修费用

在投资期间，需要对装修费用进行初步预算，主要包括餐饮店的硬装修部分，基础的水电工程、墙地面工程、抹灰工程等，这些都是必不可少的装修费用。硬装修费用一般按室内面积计算，中小型餐饮店多为 800 ~ 1200 元/m^2。

2. 制冷与制暖设备

在餐饮店中，冷气与暖气是必不可少的，小型餐饮店多采用立柜式空调，大型餐饮店多采用中央空调。中小型餐饮店空调采购与安装费用多在 100 元/m^2 左右。

3. 厨具设备

在店面所有工程中，工程复杂程度、质量要求最高的就是厨具设备，主要包括各种电气化厨具设备、排风设备、净水设备、污水处理设备、消毒设备、冷藏保鲜设备、收银设备、安防监控设备等。从配线拉管到安装开关箱，所有安装过程与材料品质都要严格的要求，这样整个店才能达到安全、美观、实用的标准。厨具设备根据经营项目与特色决定，中小型餐饮店开销费用多为 400 ~ 600 元/m^2。

4. 家具

家具是餐饮店投资的一项重大支出，涉及金额较多，不同款式、材质的家具，在价格上差异大，采购时要预留一定的价格差，防止出现家具采买费用大量超过预期费用的情况。目前，全国各地都有大中型家具市场，全新的餐饮店家具价格低廉，如果不是特殊定制，中小型餐饮店家具采购费用多为 200 ~ 300 元/m^2。

5. 招牌

招牌的设计与安装要做到色泽饱满、位置明显、亮度适中，让消费者接受招牌造型。中小型餐饮店招牌按立面面积计算，费用多为 300 ~ 400 元/m^2。发光字需另外计算，普通造型的发光字价格为 800 ~ 1000 元/m^2。

★补充要点★

餐饮店装修贷款形式

（1）**抵押贷款** 即借款人向银行提供一定的财产作为信贷抵押的贷款方式。

（2）**信用贷款** 即银行仅凭对借款人资信的信任而发放的贷款，借款人无需向银行提供抵押物。

（3）**担保贷款** 即以担保人的信用或资产为担保而发放的贷款。

（4）**贴现贷款** 即借款人在急需资金时，以未到期的票据向银行申请贴现以便融通资金的一种贷款方式。

7.2 餐饮店管理策略

7.2.1 餐饮店选址分析

1. 理想店址特征

店址是餐饮店的主要资源之一，理想店址对经营有着举足轻重的影响。餐饮店开设的地点决定了客流量，也决定了餐品销售额的高低。每个店都有自己的经营范围，想要选择适当的店址，投资者需要对店址环境进行分析，通常将在这个范围内的消费者分为以下三类。

（1）居住人群　指居住在餐饮店附近的固定人群。这部分人群具有一定地域性，他们是餐饮消费的主要人群。

（2）工作人群　指不住在餐饮店附近，而工作地点在餐饮店周边的人群。这部分人每天至少有一餐会在工作地点附近的餐饮店消费，甚至有人一日三餐都在单位附近消费。例如，在办公楼附近开设的快餐店、24 小时便利店，都是为工作人群而服务的（图 7-12、图 7-13）。

图 7-12　快餐店
↑就餐人数多，以圆凳与简约方桌为主要家具，满足消费者快速就餐的需求。

图 7-13　便利店
↑就餐人数少，但是能 24 小时供应简餐，消费便捷，店面设计醒目。

（3）流动人群　指在交通要道、商业繁华地区、公共活动场所过往的人群。这些人群是相关地区餐饮店的主要消费人群，容易产生二次消费或多次消费，还方便餐饮店树立较好的印象，从而招揽更多的消费者。

餐饮店在热门商圈中设定的盈利指标应当根据该地区内消费者的分布密度、到店频率等信息进行综合考虑。在选定商圈时，投资者可以搜集网络信息来判定商圈的热度，还可以对同类型餐饮店进行实地考察，仔细观察每个店面的人流量与销售情况。

2. 最佳店址特征

最佳的餐饮店店址应当具备以下六个特征，一般店址至少要拥有两个，若是全部拥有，那就是开店的最佳选择了。

（1）商业活动频率的地区　各种商家在闹市区的商业活动非常频繁，举办活动能够吸引众多消费者，将餐饮店铺设在这样的地区营业额必然高，这样的店址就是"寸土寸金"之地。当然，店面租金的价格也会相对较高，对投资者的初始资金要求较高（图7-14）。

（2）人口密度高的地区　人口密度高主要是指居民聚居、人口集中的地方，将店面开设在这种地区，会有稳定的消费者。人们有各种各样的餐饮需求，餐饮店设计有特色且价格公正，就能发展较多的老客户，营业收入通常也比较稳定。

（3）面向人流量多的街道　餐饮店位于人流量较多的街道上，过路行人无意中看到餐饮店后，可能会抱着品尝一下的心理前来消费，第一次消费满意后，会进行二次消费或多次消费。

（4）交通便利的地区　如旅客上下车较多的公交车站、长途车站、地铁站等车站附近，或下车后步行很近的距离就能到的街道，这些地区能快速聚集新的消费者，不断更新消费群体（图7-15）。

（5）接近人们聚集的场所　如电影院、公园、游乐场、舞厅等娱乐场所，或在大型工厂、机关单位的附近。店开在这种人流聚集的场所，自然不愁没有消费者。

（6）同类店铺聚集的街区　在一条街区上，如果有多家不同的餐饮店，汇集了多地风味美食。从消费者的角度来看，餐饮店多就意味着选择性更多，供参考的店面多，消费者不用担心店家乱开价。如果一条街上餐饮店少，店家对餐品的定位与品质把控可能就不再严格，影响消费体验。

图7-14　上海南京路步行街
↑居民区附近的步行街，居民下楼即可进入商圈，人流量大，交通便捷，吸引众多的游玩者。

图7-15　公交站旁的餐厅
↑客流量依靠公交站、地铁站的人流，符合消费者就近购买的消费心理。

7.2.2 开店手续

1. 工商登记

登记注册是国家建立的现代企业制度，是确认企业的法人资格或营业资格，并对其生产经营活动进行监督管理的制度。登记注册是对企业法人资格依法确认的反映，是企业合法经营的依据，它具有法律效力。企业在核定登记注册事项的范围内，从事生产经营，依法享有民事权利，承担民事义务，受到法律保护。它分为企业法人登记注册事项与企业营业登记注册事项。

餐饮店开店法人登记注册事项主要有：餐饮店名称、法人住所、经营场所、法定代表人、经济性质、经营范围、经营方式、注册资金、从业人数、经营期限、分支机构等。开店营业登记注册的事项主要有：餐饮店名称、地址、负责人、经营范围、经营方式、经济性质、隶属关系、资金数额等。

2. 税务登记

税务登记又称纳税登记，它是税务机关对纳税人的开业、停业、复业、生产经营情况变化实行登记管理的一项税务管理制度。凡经国家工商行政管理部门批准，从事生产、经营的纳税人，都必须自领营业执照之日起 30 日内，向税务机关申报办理税务登记。如实填写税务登记表。

店铺经营者办理税务登记的程序：

1）由经营者主动向所在地税务机关提出申请登记报告，并出示工商行政管理部门核发的工商营业执照和有关证件，领取统一印刷的税务登记表，如实填写有关内容。

2）税务登记表一式三份，一份由公司法人留存，两份报所在地税务机关。

3）税务机关对纳税人的申请登记报告、税务登记表、工商营业执照及有关证件进行审核并办理登记，并发给纳税人税务登记证件。

7.2.3 预估管理费用

1. 固定费用

（1）人工费用 员工薪酬、津贴、加班费、福利费、社会保险费。

（2）设备费用 购买设备费、折旧费、租金。

（3）运转费用 水电费、事务费、杂项费、原料采购费。

2. 其他支出

主要有设备维修费、广告宣传费、包装费、税费。

7.3 餐饮店经营模式

7.3.1 个体经营

个体经营是生产资料归个人所有，以个人劳动为基础，劳动所得归劳动者个人所有的一种经营形式。个体工商户经营实体，具有自然人和经营者双重身份。个体工商户享有法律赋予的、不是一般自然人所能享有的经营的权利，如请帮手、带学徒、起字号、签订经营合同等工商业经营行为。按法律、法规要求，取得双重身份的前提条件是必须依法经核准登记，领取营业执照，成为营业适用的市场主体（图7-16）。

7.3.2 特许加盟

拥有技术和管理经验的总部，指导传授加盟店各项经营技术经验，并收取一定比例的加盟费与技术费，此种契约关系即为特许加盟。特许加盟总部必须拥有一套完整有效的技术优势，对加盟店进行专业指导，让加盟店能很快运作起来，并从中获取利益，加盟网络才能日益壮大。经营技术指导是特许经营的关键所在（图7-17）。

图7-16 个体经营店
↑个体经营店的开店成本小，自负盈亏，没有其他人参与管理。

图7-17 特许加盟店
↑由总部传授经营经验，需缴纳指导费用。

7.3.3 连锁加盟

连锁加盟是存在于连锁总公司与加盟店之间的持续契约关系。根据契约，连锁总公司必须提供商业特权，并负责加盟店的人员训练、经营管理指导、商品原料供销，加盟店需付出相应的费用。加盟店在和连锁总公司同一形象、商誉下，从事餐饮产品或服务的经营。加盟店能享受连锁总公司赋予的权利，但必须投入资金，包括加盟金、权利金、契约金、原料采购金等一系列开办资金（图7-18）。

7.3.4 合伙经营

个人合伙形式的个体经营实体是自然人财产的集合。合伙人之间具有共同经营、共同劳动、共担风险的经营关系，在一定程度上兼顾了各方面的优势（图7-19）。

1）既有合伙人之间的相互制约，又有企业股东更为融洽的人际关系，因而出现随意性决策和无益内耗的可能性较小。

2）既能实现科学管理，又不必专设管理机构，因而能节约相应的人力、物力。

3）既能实现人、财、物的聚合有度，又有经营灵活的客观优势。

4）由于所有合伙人都对经营债务承担连带无限责任，所以有相对可靠的商业信用和责任分担的经营风险，使经营者与其交易伙伴都具有较强的经营信心。

图 7-18 快餐连锁店

↑餐饮连锁店的店铺形象统一，但需要需缴纳加盟费用，不定期进行人员培训。

图 7-19 合伙经营餐饮店

↑由两个以上的法人共同经营的餐饮店，合伙人之间相互制约，决策需所有合伙人同意才能实行，避免了盲目决策。

7.3.5 特许经营

特许经营是指特许经营权拥有者（特许者）以合同约定的方式，允许被特许经营者（被特许者）有偿使用其名称、标志、专有技术、产品及运作管理经验等，从事经营活动的组织经营模式。

特许经营的主要优点在于特许者只以品牌、经营管理经验等投入，就能达到规模经营的目的，不仅能在短期内得到回报，而且能使无形资产迅速提升。被特许者在选址、设计、员工培训、市场等方面，得到特许者的帮助和支持，使其运营迅速走向良性循环。被特许者需要向特许者缴纳特许经营管理费，这也是特许者的主要盈利来源。

7.3.6　直营连锁

　　直营连锁是指餐饮总公司直接经营连锁店，即由公司本部直接经营投资管理各个零售点的经营形态，此连锁形态并无加盟店存在。总部采取纵深式管理方式，直接掌管所有的零售点，零售点完全接受总部的指挥。

　　直营连锁的主要任务在于渠道经营，透过经营渠道的拓展从投资者手中获取利润。因此直营连锁实际上是一种资产管理投资（图 7-20）。

a）中式餐厅

b）西式快餐厅

图 7-20　直营餐饮连锁店

↑直营餐饮连锁店由总公司直接经营，零售点接受总部指挥，在餐饮店装饰装修上接受总公司的安排，餐厅所用的食材由总公司负责采买与配送。

第8章
餐饮店精选案例

学习难度：★★★★★

重点概念：空间风格、软装配饰、材质选择、
色彩搭配、照明、采光

章节导读：现代餐饮店在装修设计上更加注重用户体验感。餐饮店的合理布局、造型设计、灯光照明、软装设计都是需要考虑的问题，甚至装饰品不同的摆放位置，都会给予消费者不同的视觉感受。本章将前几个章节的知识付诸实践，对优秀餐饮店设计进行解析，发掘其中的设计亮点。

8.1 绿色美食工坊

这是一家以草绿色为主题的餐饮店，隔着一扇玻璃门，绿色系各类装饰与天然材料的搭配，在视觉上让这间餐厅与室外的冰雪世界形成了强烈的对比（图 8-1 ~ 图 8-12）。

图 8-1　软装设计

→室内春意盎然的景观与室外冰天雪地的景象形成鲜明对比，室内柔和的灯光通过特制的灯具照射在桌面、墙面、地面上，十分温馨。在寒冷的冬季，这样的一处温室餐厅足以让人留恋。

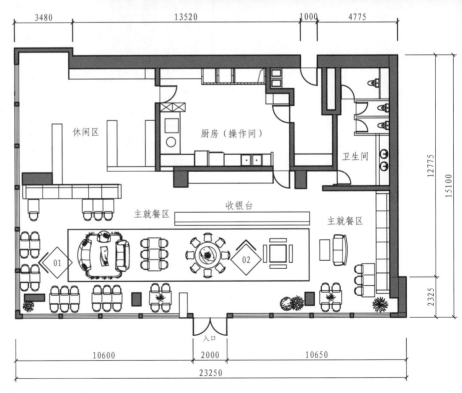

图 8-2　平面布置图

↑从图中可以看出，整个餐厅的布局十分规整，动线也非常清晰，靠近进门处的空间被划分为就餐区，抬头即可看见收银台，操作间位于收银台后方，卫生间位于最里面，尽量做到不影响消费者的就餐氛围。

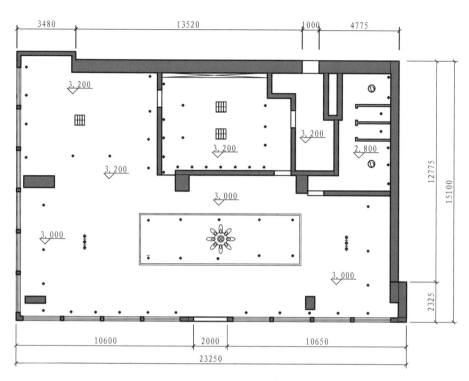

图 8-3 顶棚布置图

↑整个空间照明设计十分对称，照明方式为基本照明＋装饰照明，基本照明灯具以轨道射灯为主，装饰照明以造型别致的灯带、藤制灯具、动物形灯具为辅助光源，烘托环境氛围。筒灯沿着墙体周边的吊顶布置，间距在 1000mm 左右，能将筒灯灯光均匀地分散到墙面上，再反射到桌面与地面上，形成间接照明。主要灯具位于空间中央，照明形式虽然单一，但是能弥补周边筒灯照度的不足。餐桌上的吊灯照度最高，能充分显现餐桌上菜品的质感。

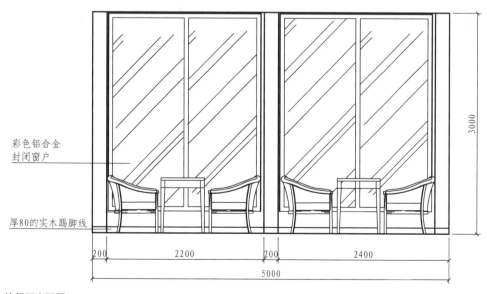

图 8-4 就餐区立面图

↑靠近落地窗一侧的就餐区，到顶的落地窗呈现出优美的冬日景观，黑色铝合金材质的框架与整个室内风格搭配效果较好。落地窗不完全落地，下部的矮墙能起到防水功能，防止户外雨雪渗透到室内。

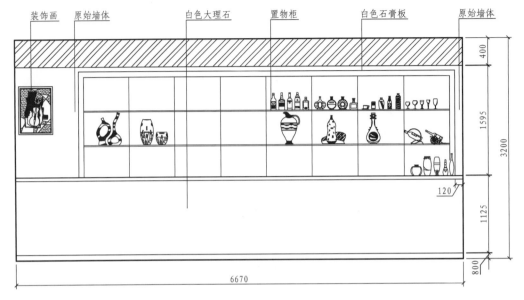

装饰画 　原始墙体 　　　白色大理石 　　置物柜 　　　　白色石膏板 　　　原始墙体

400
1595
3200
120
1125
800
6670

图 8-5　收银台立面图

↑收银台后方的展示柜整齐排列着酒水饮料与酒杯，根据类型来陈列不同的酒具。收银台采用白色花纹大理石，柜台分为两级，外侧柜台高于内侧柜台，整体观赏性好。

图 8-6　绿化设计

↑大大小小的绿色盆栽植物摆放在餐厅各个角落。盆栽外部还搭配了藤编的外筐、灯罩、桌垫、地毯。地板与墙柱裸露着浅灰色的水泥，餐厅中部的桌椅为木制。

图 8-7　壁画

↑顶棚和管道被喷涂为深绿色，与空间中的绿植、壁画相呼应。餐厅中的主要墙面设计为整面壁画，绘画内容有阔叶植物、鹦鹉、猴子与星星点点的花朵，烘托出清新的氛围，与室内绿化植物形成呼应。

图 8-8　镜面设计

→在室内环境中，镜面具有良好的延伸作用，尤其是整面镜子，能够在视觉上放大空间。镜面中的壁画与真实的壁画相呼应，壁画效果得到了延伸。

图 8-9 藤制家具

←餐厅中配置有木质桌椅，盆栽外部还精心套上了藤编外筐，部分区域的地毯也采用了藤制的地毯。

图 8-10 混搭风格

←从整个室内软装来看，风格十分混搭，既有中式餐饮坐具，又有创新设计的时尚灯具，整个空间的包容性十分强大，亦如其菜谱上的各国佳肴，具有良好的融合性。

图 8-11 猴子灯

↑猴子举灯的造型十分可爱，在这个绿植环绕的空间中十分应景。

图 8-12 就餐区布局

↑现代风格的桌椅与背景墙上的框架风格统一，时尚气息浓郁。墙面采用金属构架焊接，具有工业风，贴合现代都市餐饮文化。

8.2 怀旧咖啡馆

由于咖啡的历史悠久，咖啡馆的设计一直都适用于怀旧风，室内装饰材料与陈设多采用体块较小的型材，注重缝隙处理，照明与色彩略显低调。咖啡馆的个性化较强，空座率较高，因此座席区家具的布局可以更紧凑，营造出密集、热闹的氛围（图 8-13 ～图 8-24）。

图 8-13　大门外部造型设计
←门头立面简约不失细节，结构轮廓清晰干练。砖石材料覆盖外墙，与街道整体风格一致，深色门窗边框具有怀旧复古情怀，顾客由此进入一个历史悠久的咖啡馆，尽情享受怀旧空间的乐趣。

图 8-14　一层平面布置图
→从平面图中可以看出，咖啡馆布局十分合理，外卖区、收银台、操作区、厨房占据一半空间，座席区家具排列紧凑密集，营造出人流量较大的视觉氛围。在座位分布上，以吧台座、四人座为主，桌子可以拼接，组合多种多样。

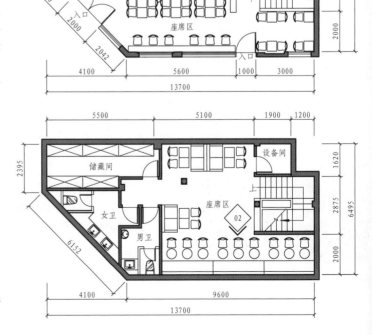

图 8-15　负一层平面布置图
→负一层设计有卫生间、储藏间、设备间，座席区密度仍然较大，在有限空间内能满足更多顾客的需求。

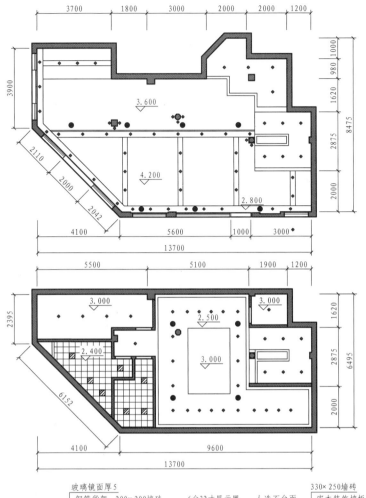

图 8-16 一层顶棚布置图

←咖啡馆操作区上方设计吊顶,降低空间高度,营造出紧凑的操控与销售空间,座席区顶棚设计灯架,安装射灯,对座席区进行局部照明,沿着窗户设计了一圈射灯,提升夜间照度。

图 8-17 负一层顶棚布置图

←负一层没有室外采光,因此灯光设计密度较大,同时设计吊顶降低层高,增强空间的光照效果。

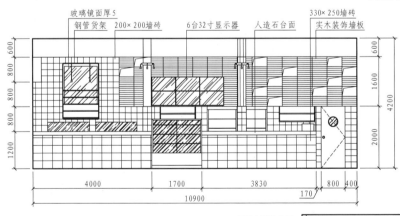

玻璃镜面厚5
钢管货架　200×200墙砖　6台32寸显示器　人造石台面
330×250墙砖　实木装饰墙板

图 8-18 操作区立面图

←操作区背景墙是用实木板制成的较复杂的墙面造型,模拟咖啡豆包装箱的造型。墙面与台柜铺贴深灰色仿古墙面砖,铺贴整齐注重缝隙处理,营造出怀旧感。各种设备、货柜紧密排列,形成琳琅满目的视觉效果。

图 8-19 负一层沙发座席区立面图

→长条沙发采用木质板材制作底座,模拟咖啡豆容器的造型。深色皮革包裹海绵坐垫与靠背,提升了舒适度。墙面采用实木板铺装构筑,内部暗藏灯带,丰富照明层次。吊顶构造下降较多,搭配钢管灯,提高了空间整体照度。

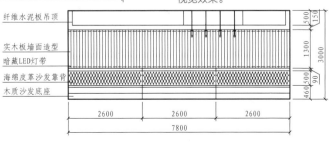

纤维水泥板吊顶
实木板墙面造型
暗藏LED灯带
海绵皮革沙发靠背
木质沙发底座

餐饮店设计

a）操作区与走道

b）收银台

图 8-20　操作区与收银台

↑入口左侧操作区布置紧凑，尽可能在有限的空间内布置更多的货架货柜，将更多商品展示出来，运用钢架、木板等材料制作货架，摆放各类咖啡、点心，营造出琳琅满目的视觉效果。

a）靠窗高座

b）走道

c）二人座

d）四人座

图 8-21　座席区

←↑长形高桌、高座椅子靠窗摆放，能观赏街景，四人座与二人座均有兼顾，空间节奏感及舒适性在不经意间得以增强。消费者进入咖啡馆后，能笔直地走到每一个座位上。

b）楼梯墙面造型

图 8-22 一层楼梯间

←↑在楼梯间上部设计造型，延续操作区上方的木质箱体造型，喷涂白色涂料，形成艺术背景墙。楼梯间内布置仿真绿化植物，配置灯光，营造出天井采光的效果。

图 8-23 负一层楼梯间

→负一层楼梯间的采光来自于一层天井的灯光，照度有保证，楼梯间设计储物装饰柜与垃圾箱，方便服务员收拾管理。

a）靠墙沙发

b）座席区与走道

图 8-24 负一层座席区

↑负一层座席区是一层座席区的拓展，配置了软椅与沙发，布局更加自由，能将桌椅自由搭配组合，形成不同布局，满足各类公共活动。由于没有日照采光，装饰墙板背后安装灯带，强化了照明效果。

餐饮店设计

8.3 红色主题餐厅

这家红色主题餐厅反映了建筑与场地的非相关性，小空间全都由木片装饰，红色旨在协调美学和功能。该建筑可以根据每天营业时段与状况，将小型桌椅延伸到街道上，餐桌不仅可以独立使用，还能合并使用，此外还有一处多功能柜台，满足配餐、收银功能（图 8-25 ~ 图 8-32 ）。

图 8-25　餐厅外观色彩设计

↑餐厅的前身是一处厂房，经过改造设计后成为一处主题餐厅，为了整体与原有的建筑物相融合，但又不失去餐饮店特色，在色彩设计中，选用热情似火的红色与活力十足的橙色，使店面在夜幕下十分显眼。

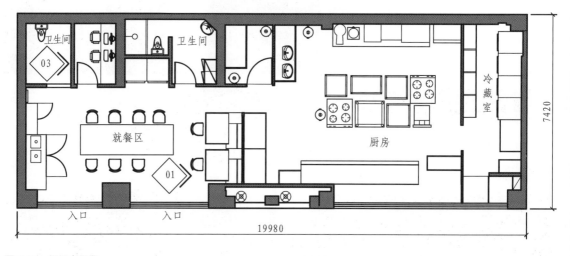

图 8-26　平面布置图

↑从入口开始，依次为就餐区、卫生间、厨房、冷藏室，各个区域的功能划分清晰，餐厅动线十分明朗，无论是店外还是店内就餐区，都能看到厨房工作。店内有限的空间不允许放置更多桌椅，营业时，会将桌椅摆放到店外路边，店内仅作为操作区，为店外就餐区提供餐品。这种路边餐饮店的人均消费水平较低，就餐环境紧凑，但是就餐氛围很浓厚，餐饮店将城市与工业化发展的历史都体现在装修设计中。

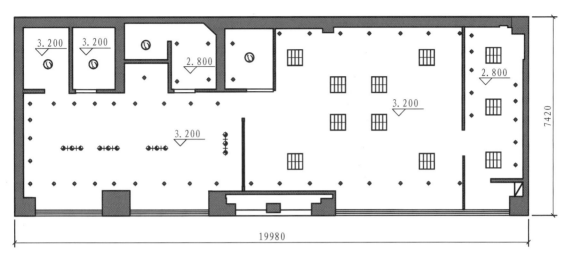

图 8-27　顶棚布置图

↑由于餐厅的层高较高，采光十分充足，所以只在顶棚布置一圈基础照明，在就餐区设计组合吊灯，足以照亮整个空间。考虑到厨房工作需要十分细致，每个操作区都配备了足够的灯具，保证良好的烹饪环境。

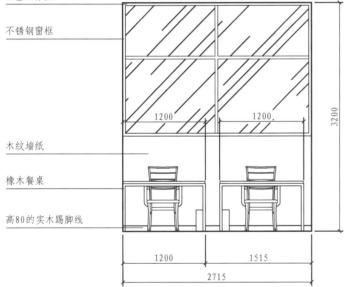

白色石膏板

不锈钢窗框

木纹墙纸

橡木餐桌

高80的实木踢脚线

图 8-28　餐厅局部立面图

←考虑到餐厅与厨房之间有一面玻璃隔断墙，桌椅的组合方式为卡座＋餐椅，卡座靠着玻璃隔断，可以有效避免餐椅来回挪动时对玻璃的压力与碰撞，餐厅顶棚采用了与外立面相似的红色石膏板，与主题色彩相呼应。

图 8-29　餐厅造型开启状态

←与一般餐厅门不同，店门是型钢与钢丝网制作的折叠门，开合方向也与平常不同，选择了上下开启模式，整个店门向上开启后，店面十分通透明亮。

图 8-30 餐厅关闭状态
→店面关闭后，整个空间形成一个半封闭状态，这里也经常作为聚会场所。在店面完全关闭的情况下，即使没有新风系统，店内空气依然在流通。

图 8-31 厨房功能分区
→厨房分区划分明确，靠里侧操作区，进行食材处理；中间为烹饪区，又细分为油炸区与小炒区，有效避免了大火快炒对油炸工作的干扰；靠外侧为备餐区，将制作好的食物暂时放置在这里。

图 8-32 清洁区与料理区
→厨房中有两个用于烹饪的灶台，客流较大时，可以两边同时制作美食。在烹饪区后方，是进行食材清洗、餐具清理的区域，食材处理完成后可以马上进行烹饪，保证了食材的新鲜。

8.4 异形轻食餐厅

这家轻食餐厅总面积约 70m²，外部形体方正，但是内部布局特异，南北两侧均为展示面，沿街面设 5m 高的落地玻璃。如何在延续其品牌记忆的基础上，因地制宜地在较小的空间中保有空间的通透性，又不失层次感，迅速吸引消费者目光，是本次设计中的核心考量（图 8-33 ～ 图 8-39）。

图 8-33　餐厅造型设计
←巨大的落地窗设计提升了整个餐厅的档次。靠窗设计两人座餐椅，可以欣赏夜晚的城市景观。靠近收银区的吧台座椅十分适合一个人思考畅想、汇聚灵感。

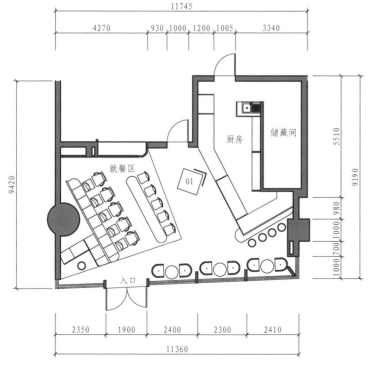

图 8-34　平面布置图
←餐厅的原始外形方正，按照常规做法可直接将餐厅分为就餐区与操作区。为了容纳更多顾客，在设计时将整体布局逆时针旋转 25°，吧台往后退，预留出足够宽的走道，就餐区域变大，能够容纳更多消费者，整个餐饮空间脱离了呆板的感觉，富有变化感。

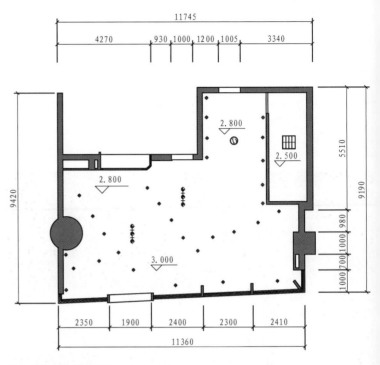

图 8-35 顶棚布置图

↑顶棚灯具主要根据平面图的家具位置来进行布置,首先以基础照明为主,射灯为整个空间的主要照明灯具,同时,艺术吊灯悬挂在每个餐桌上方,为餐饮空间营造温馨浪漫的氛围。

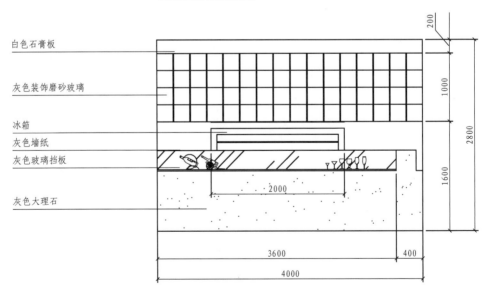

白色石膏板

灰色装饰磨砂玻璃

冰箱

灰色墙纸

灰色玻璃挡板

灰色大理石

图 8-36 服务台立面图

↑服务台作为整个餐厅的服务中心,兼备了操作间、茶水吧、吧台区、收银台等功能。整个服务台长度达到4000mm,是整个空间的重心。柜子的中间部分采用玻璃挡板,具有创意,让水磨石材质的柜台不再显得厚重。

图 8-37 风格营造

←在主材料的选择上，大面积运用了水磨石，传统石材通过现代工艺的全新加工，做到既质朴纯粹，又不失时尚与精致。

图 8-38 色彩搭配

←大面积黑白格立体灯箱，用照明特点区分就餐区与备餐区，餐厅总空高6000mm，将品牌记忆点集中于备餐区，使关注点更为集中。利用灯箱照明最大限度地烘托全透明的开放式厨房中新鲜食材的颜色以及色泽，几十种蔬菜水果罗列开来，用视觉刺激调动顾客的食欲。

图 8-39 材质选择

←将水磨石用在卡座设计上，其细腻、清凉的质感瞬间传递给消费者，考虑到久坐易产生不适感，在卡座椅面与靠背上增加软包设计，有效解决了这一问题。

8.5 主题连锁快餐厅

这家主题连锁快餐厅占地约 130m²，最多可容纳 50 位顾客。入口处设有外卖等候区，设计并布置了悬臂式座椅。外卖员可以坐在圆柱形座椅上，等待外卖订单（图 8-40 ~ 图 8-50）。

图 8-40 餐厅氛围设计
→整个餐厅是清新自然的设计风格，整体布局呈现出秩序与规律感。顶棚和墙壁的连接处设计了伸缩缝，隐藏了条状的铝型材。色彩的对比增加了空间的复杂性，也改善了整体的环境氛围。

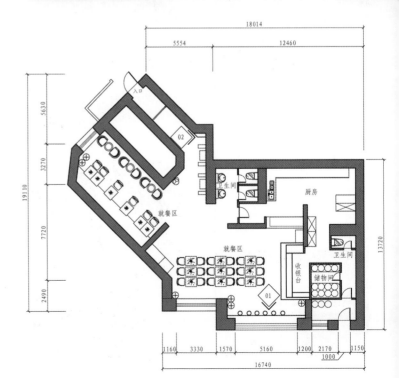

图 8-41 平面布置图
→餐桌多为两人座，但由于桌椅可移动性强，可以随意组合成四人座与六人座；客卫与员工卫生间分开设计，合理布局，避免尴尬；厨房、储物间、收银台布局紧凑，是最稳定的工作状态。

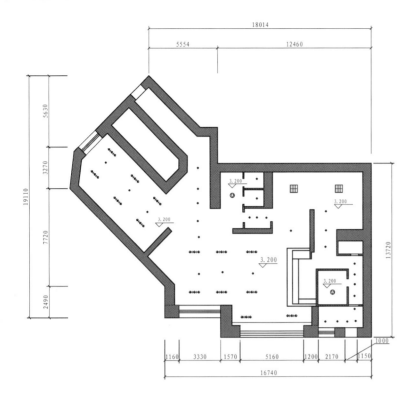

图 8-42 顶棚布置图

↑灯具布置主要考虑走道、桌椅位置、高照度工作区这三大区域的设计。一般区域采用筒灯照明，重点区域使用射灯补充光源，在厨房操作间这种精细工作区，则采用专业的厨房灯具，以实用性为主，减少因照度不足产生的失误行为。在白天，窗户带来的亮度足以照亮整个就餐区，只需要少量的灯源烘托就餐氛围。

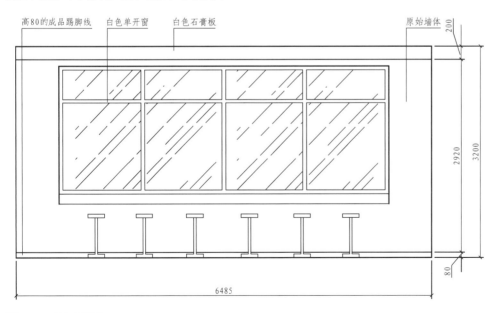

图 8-43 吧台立面图

↑装修设计就地取材，将飘窗打造成具有活力的吧台观景区，让消费者欣赏到窗外的美景，同时距离收银台较近，方便呼叫服务员。

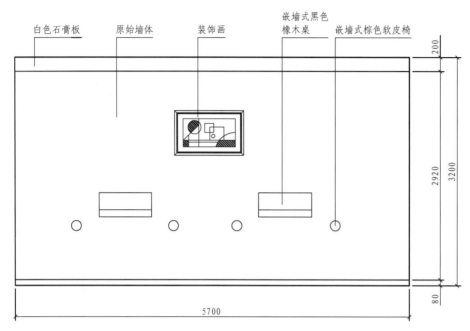

白色石膏板　　原始墙体　　装饰画　　嵌墙式黑色橡木桌　　嵌墙式棕色软皮椅

图 8-44　外卖员等候区

↓圆形的座椅十分童趣，娇小的桌板适合放手机等随身物品。

图 8-45　等候区立面图

↑等候区圆柱座椅的高度约为 1000mm，类似吧台座椅高度，满足短时间等候靠倚的需求，该区域不影响就餐区消费者通行。

图 8-46　色彩设计

→靠近窗台的区域为吧台区，将飘窗加长加宽，形成一个小型吧台空间，配上高脚座椅，强调功能极简主义的优雅简约。考虑到餐厅的翻台率，设计了许多的座位，第一眼看上去仿佛进入了教室。

图 8-47　造型设计

→ 2500mm 高的宇航员人物模型在餐厅中十分亮眼，它是由聚酯纤维制成，外饰白色氟碳漆。墙面上的挂画是航空火箭的示意图，描绘得十分细致，与宇航员模型共同打造餐厅主题。

图 8-48 家具设计

↑由于这是一家快餐店，在设计时更多考虑到对空间的最大利用，图中靠左侧为四人桌，靠墙右侧为两人桌，家具造型简洁，没有过多的装饰。

a）卫生间门

b）坐便器隔间

图 8-49 卫生间设计

↑卫生间分男女设计，其位置在进门处的附近，位置突出，右侧则为操作间进出门。

↑卫生间内部设施齐全，白色的墙壁搭配黑色的洁具设备，整个空间整洁明亮。

图 8-50 盥洗台盆

↑盥洗台盆设计十分复古，没有错乱的水管线路，也没有笨重的盥洗台，在视觉上营造出轻盈的感觉。

餐饮店设计

8.6　燕窝饮品综合店

这家燕窝饮品综合店为消费者打造了一个轻松、惬意、时尚的燕窝甜品场所，用精致感和人情味带给消费者全新的体验感。集销售与餐饮为一体的店面，消费者既可以购买燕窝礼盒带走，也可以在店内食用燕窝甜品（图 8-51～图 8-58）。

图 8-51　店面造型

→店面造型具有流畅的线条感，门头水平描摹的金色线条延伸至入口展示区的几何造型货架，进而遍布内部堂食区的桌椅及装饰细节，以几何美学的思维，对空间的轮廓进行勾勒。

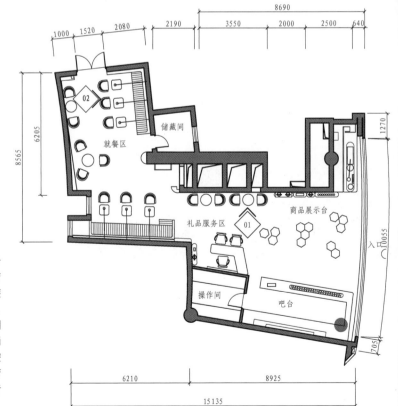

图 8-52　平面布置图

→从平面图中可以看出，店面前部分为商品展示区与服务区，主要展示店内目前售卖的燕窝种类；中部为包装区与操作间，为消费者包装燕窝产品，或者为消费者烹饪燕窝甜品；最内侧为就餐区，也是最静谧的空间，让消费者可以静下心来品尝美味。整个空间布局十分合理。动区主要集中在店面前方，静区主要放置在后方，两者互相融合，但又不打扰彼此。

142

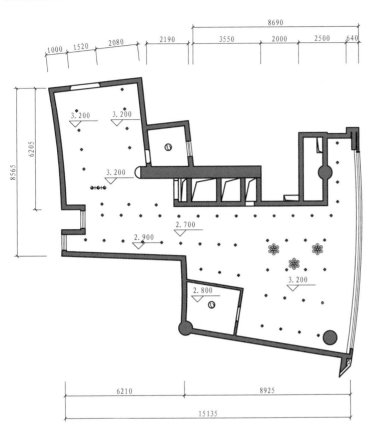

图 8-53　顶棚布置图

←灯光是餐饮空间的重点，进门处的大型吊灯设计，瞬间提升了店面档次，射灯带来了充足的照度。就餐区的弧形灯具在照亮空间的同时，装饰了空间造型。

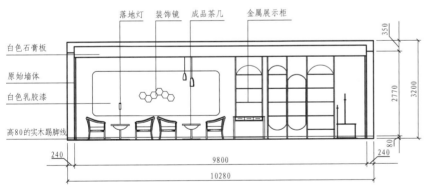

图 8-54　礼品服务区与展示台立面图

←靠墙的展示区设计巧妙，将展示柜与接待处设计在一起，展示柜采用金属不锈钢框架，营造金碧辉煌的效果。礼品服务区设计座椅，真皮座椅带来舒适的体验，方便消费者在等候包装商品时，可以稍作休息。

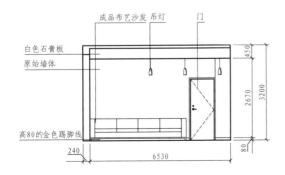

图 8-55　就餐区沙发立面图

←后门出口处就餐区的私密性较好，设计沙发软座，提升顾客消费体验感。

图 8-56 售卖区

→售卖区以六边形展示柜为主题造型，每个展示柜展示一种燕窝产品，供消费者选购。顶棚的树形吊灯展现出自然、健康的营销理念。金色的边框营造轻奢气息，衬托出燕窝的品质。

图 8-57 就餐区

→就餐区以白色打底，金色点缀，穿插低饱和度的粉色与灰色，彰显轻奢的气质。桌椅全部采用专业定制家具，餐桌的金属框架与大理石纹理完美搭配，展现出独特的视觉效果。

图 8-58 收银区与展示柜

→在收银区后方的开放式货架上，燕窝产品像艺术品一样陈列着，用精致的视觉效果吸引消费者的注意力。

8.7 简约时尚餐厅

时尚餐厅除了美食要让人流连忘返以外，空间设计也要有出众的地方。因为除了美食本身，餐厅的空间设计也会影响食客的印象。这是一家集合了面包甜点、午餐晚餐、咖啡的时尚餐厅。以黑、灰、白为主色调，风格定位简约时尚，开放式的厨房设置，让人可以亲睹制作餐点的过程，安全放心（图 8-59 ～ 图 8-68）。

图 8-59 外观设计
←门头的造型简洁明快，搭配精致的金属细节，简约、时尚。外观上有种法式小资的情调，一进门就能让消费者感受到扑面而来的工业复古气息。

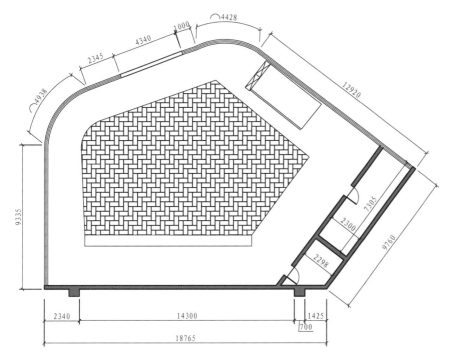

图 8-60 原始平面图
←餐厅平面为异型布局，建筑四周用大面积的玻璃幕墙围合，采光效果很好。地面采用木地板斜铺的形式，与整个建筑的弧线造型相呼应，室内空间显得活泼、富有变化。

145

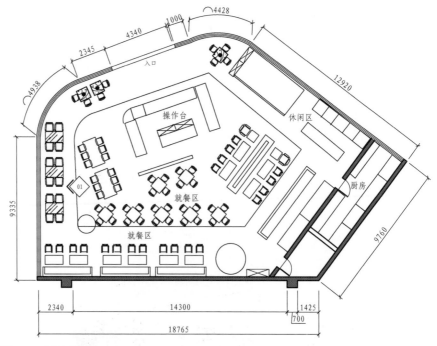

图 8-61　平面布置图

↑整个餐厅布局围绕着操作台来分布，操作台处于中心位置，十分显眼，室内空间三面都是玻璃幕墙，靠近玻璃墙的位置设计了各种形式的桌椅，选择丰富，厨房位于最里面，尽量做到不干扰消费者的正常就餐活动。

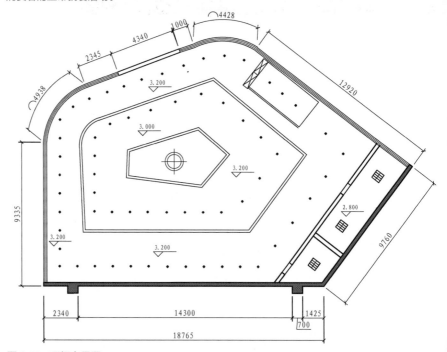

图 8-62　顶棚布置图

↑筒灯与艺术吊灯是餐厅的主要照明方式，白天依靠太阳光的照射，靠近进门处的就餐区域光线十分充足，越靠近实体墙体阳光越少。因此，在设计时围着整个内部构造镶嵌了一整圈筒灯提供照明，艺术吊灯起到烘托就餐氛围的作用。

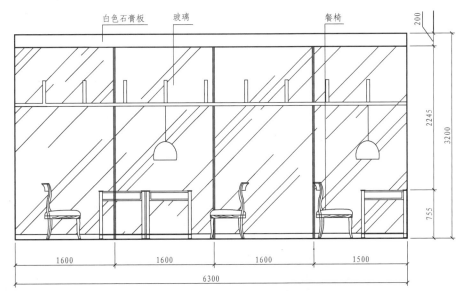

白色石膏板　玻璃　餐椅

图 8-63　就餐区立面图

←艺术灯框架造型整齐有序，与复古风格的桌椅搭配十分协调。餐桌的高度为755mm，灯具的高度为2000mm，艺术灯正好悬挂在餐桌上方，衬托出餐饮空间的高雅气氛。

图 8-64　灯具搭配

←工业风的筒灯弥补了室内光线的不足，丰富了灯光层次，又呼应了餐厅主题。软装搭配上选择了深蓝色，具有复古氛围。

图 8-65　地面铺装

←斜铺木地板搭配铁艺与绿植，营造出复古氛围。在顾客动线上，通过桌椅摆放规律与餐厅吧台的围合留出动线，整个空间动线十分合理，服务动线也有条不紊。

图 8-66　软装设计
→卡座区与错层的存储区结合得十分巧妙，选择了同样的木质板材，视觉上仿佛是一整面墙，采用到顶的装饰画设计，错层采用了到顶的展示架，看起来大气磅礴，却又富有细节。

图 8-67　自然采光设计
→通透的光线为深色系空间注入一丝活力，将该空间打造成舒适自在的餐厅。外墙全都采用玻璃，使整个空间通透明亮。

图 8-68　餐厅内部造型
→不同形态的黑色铁艺与金色连接件的搭配应用，将实用性和美观性结合起来。若是在夜晚，铁艺灯散发出暖黄色灯光，整个空间显得既温暖又浪漫。

8.8 都市休闲餐厅

在都市和休闲的氛围中融入了周围哥特式社区和当地酒吧文化的特色。墙壁上的窗帘让人想起了典型的邻里酒吧，餐厅两个入口之间的连接走廊则让人想起邻近街道上的门洞造型（图8-69 ～图8-74）。

图 8-69 氛围营造

↑餐厅主打都市休闲的气氛，随处可见编织座椅与绿植盆栽，营造出舒适自在的氛围，白色与米色的墙面烘托出质朴的气息。

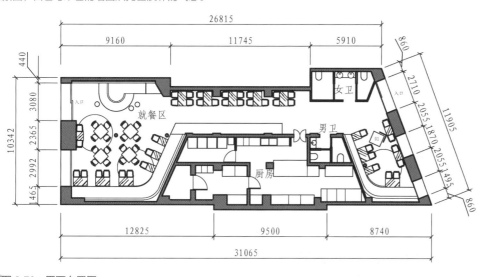

图 8-70 平面布置图

↑该餐厅有两个出入口，就餐区座位围绕着厨房进行分布，餐桌组合以四人座为主，卫生间分散设计，有效避免了男女混用的不便。休闲餐厅会更强调餐品的品质，因此厨房面积预留较大，要保证餐品的烹饪质量。受厨房面积影响，就餐区座位布置密集，但是并不影响餐饮的服务品质，经营定位较高，因此无须设计过多座位。

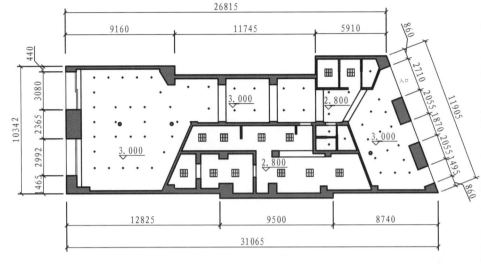

图 8-71 顶棚布置图

→餐厅采光面较小，室内面积较大，在灯光设计上，采用多种类型的灯具，如厨房的栅格灯、墙面上的壁灯以及数量众多的射灯，为室内带来充足的照明。

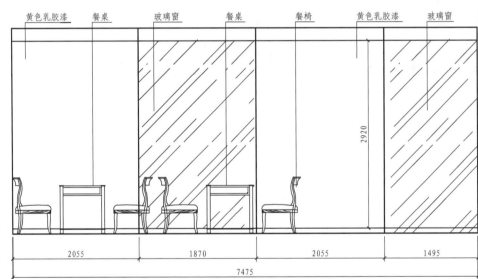

图 8-72 就餐区立面图

→进门处就餐区，靠墙的两人座正好能够看到窗外的繁华街景，实墙与玻璃的间隔设计，呈现出若隐若现的景色。墙面使用黄色乳胶漆涂饰，在阳光的照射下，墙面与黄色的陶瓷座椅组成主题色彩，一深一浅的色彩具有层次感。

图 8-73 餐椅材质

→藤制座椅体现出自然、纯真的就餐情调，符合餐厅的主题气氛，加上阔叶绿植的点缀，整个空间散发着自然的气息。

图 8-74 餐桌材质

←白色大理石餐桌，有着良好的触感，与丰富的食物在一起，能够突出食物的色泽，将色彩对食物的影响减少到最小。

餐厅的核心造型是一组陶瓷长椅，沿着餐厅的墙壁弯曲，体现出现代主义设计风格。与该区域其他设计一样，蜿蜒的形状不是毫无意义的装饰，而是与人体坐姿相适应的（图 8-75）。

图 8-75 陶瓷长椅设计
←陶瓷长椅作为餐厅的一大特色，是吸引客人的亮点设计，陶瓷能给人良好的坐感，温润舒适的椅面让人感觉自在无比，具有弧度的椅背能够缓解腰部与背部的疲劳感，十分适合上班久坐的消费者。

a）座椅靠背细节　　　　b）长椅座席区

沿着室内走廊前进，建筑隔墙上开设有拱顶门洞，这些门洞设计融入了地中海文化，与当地城市形象、历史文脉相呼应。拱顶带来了多样化的视觉感受，给人"这不是一个封闭的餐厅区域，而是一个流动的开放空间"的感觉（图 8-76）。

图 8-76 拱顶设计
←拱顶是地中海风格的象征，在餐厅的中央主走道中，拱顶的形象十分突出，弱化了顶棚的直角与线条感，带来圆滑、细腻的视觉感受。与四四方方的餐边柜相比，拱顶显得不那么的冲撞、直接，多了一分柔和。

a）中央走道　　　　b）入口走道

参考文献

[1] 休斯. 当餐厅爱上主题：餐饮环境设计 [M]. 凤凰空间，译. 南京：江苏凤凰科学技术出版社，2014.

[2] 孙勇兴. 餐饮开店全程运作实战手册 [M]. 北京：人民邮电出版社，2018.

[3] 漂亮家居编辑部. 图解吃喝小店摊设计 [M]. 武汉：华中科技大学出版社，2018.

[4] 周婉. 食客时代：餐饮品牌与空间设计 [M]. 南京：江苏凤凰科学技术出版社，2018.

[5] 彦涛. 开一家赚钱的餐馆 [M]. 南昌：江西美术出版社，2017.

[6] 郑刚. 开店与选址核心技术指南 [M]. 南京：江苏科学技术出版社，2013.

[7] 深圳市海悦通文化传播有限公司. 塑造商铺之王：餐饮篇 [M]. 武汉：华中科技大学出版社，2017.

[8] 郑家皓. 餐厅创业从设计开始 [M]. 桂林：广西师范大学出版社，2018.

[9] 李振煜，赵文瑾. 餐饮空间设计 [M]. 2版. 北京：北京大学出版社，2019.

[10] 漂亮家居编辑部. 图解餐饮空间设计 [M]. 武汉：华中科技大学出版社，2018.

[11] 陈凤君. 餐饮旺店服务与管理细节一本通 [M]. 北京：中国铁道出版社，2017.

[12] 方辉. 图说餐饮管理系列：餐饮管理与服务从入门到精通 [M]. 北京：化学工业出版社，2019.